CONSIDÉRATIONS GÉNÉRALES

Sur la disposition

DE L'UNIVERS

Par Bode.

Ouvrage traduit de l'allemand

PAR UN PRÊTRE DU DIOCÈSE DE BEAUVAIS,

AU PROFIT D'UNE MAISON D'ÉDUCATION.

NOYON.

Imprimerie d'Amoudry, Lib.-Édit.

1833.

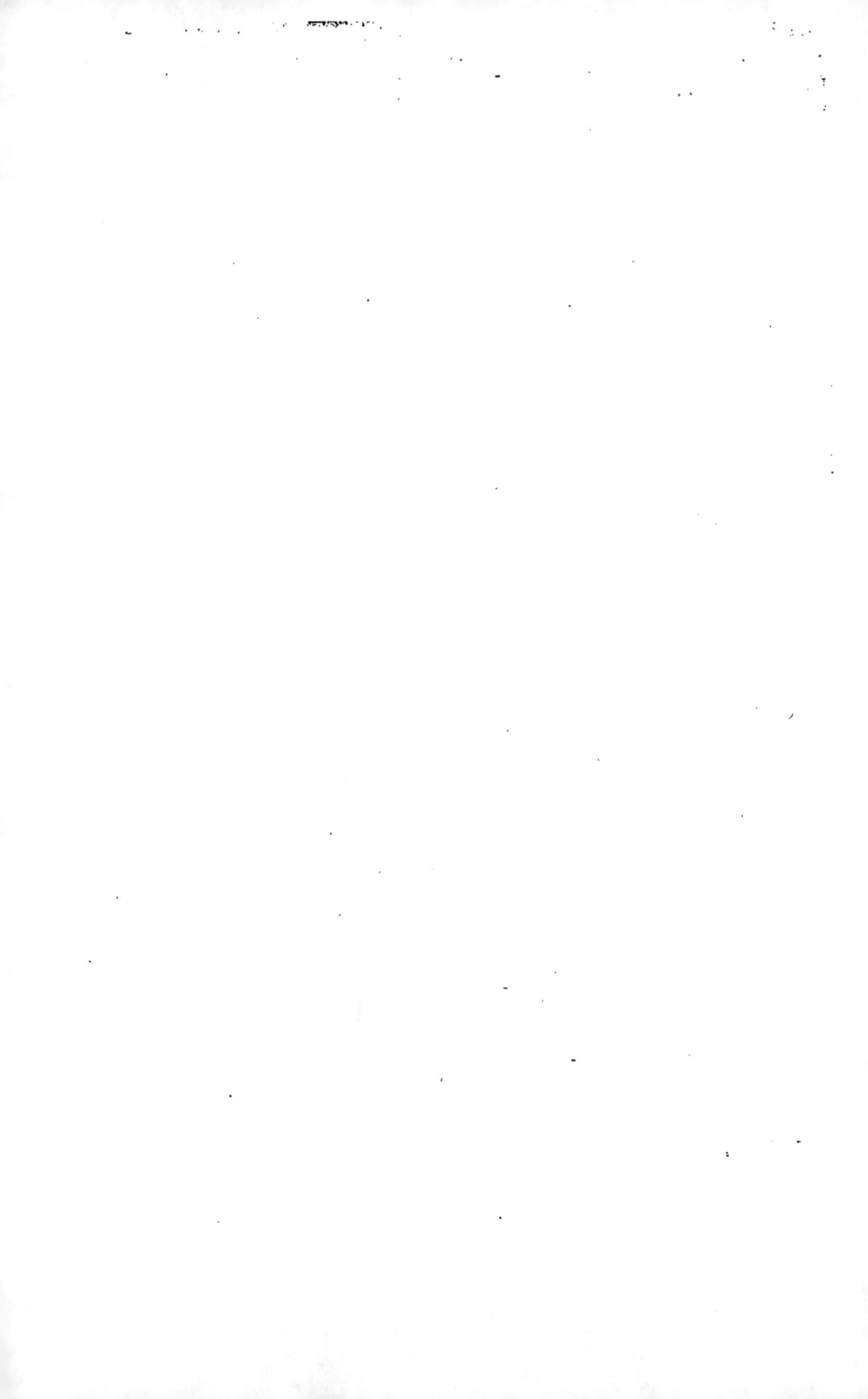

G RT
V RI

CONSIDÉRATIONS GÉNÉRALES

Sur la disposition

DE L'UNIVERS

Par Bode,

ASTRONOME DE S. M. LE ROI DE PRUSSE, MEMBRE DE L'ACADÉMIE DES
SCIENCES DE BERLIN, ETC., ETC.

Ouvrage traduit de l'allemand

PAR UN PRÊTRE DU DIOCESE DE BEAUVAIS,

Au profit d'une Maison d'Éducation.

Les Cieux racontent la gloire de Dieu, et le
Firmament annonce l'ouvrage de ses mains.
Ps. 18.

NOYON,

Imprimerie d'Amoudry, Lib.-Edit.
1833.

Préface.

Un Ancien, après avoir décrit toutes les pièces qui entrent dans la construction du corps humain, a dit qu'il venait de chanter le plus bel hymne à la louange du Créateur : qu'eut-il donc dit, s'il lui avait été donné de porter sur l'arrangement de l'Univers, le regard hardi et pénétrant de l'auteur des considérations suivantes; de se transporter avec la rapidité de la lumière, sur les globes innombrables semés dans l'immensité de l'espace, d'en calculer les dimensions, d'en mesurer les distances et d'admirer le merveilleux accord qui règne entre toutes les parties de ce prodigieux ensemble? Si l'esprit humain ne peut s'empêcher d'admirer la sagesse et la puissance du Créateur dans l'organisation du plus petit insecte ; de quelle admiration, de quel étonnement ne sera-t-il point frappé, quand il verra que la terre qu'il prenait pour l'univers, n'en est qu'une partie infiniment petite qui disparaît, pour ainsi dire, dans la multitude infinie des mondes produits par la main du Tout-Puissant !

L'étude du système général du monde et la contemplation des corps célestes, en détournant l'attention de l'homme des frivolités et des misères de la terre, devraient tout naturellement élever ses pensées vers l'auteur de toutes choses; son cœur devrait s'échauffer, ses sentiments s'élever et s'ennoblir en voyant se dérouler le magnifique tableau des œuvres de la création : tout le contraire arriva. Il semble que l'esprit de

l'homme ne puisse traiter un sujet tant soit peu
élevé, sans le décolorer et le rapetisser.

La plupart des traités d'Astronomie ne présentent que des indications froides, des calculs
abstraits, des dissertations et des systèmes qui,
par l'appareil scientifique qui les accompagne,
ne sont propres qu'à effaroucher les jeunes gens.
Fontenelle a fait sur la pluralité des mondes,
plutôt un roman qu'un traité sérieux et raison-
né. Le ton de légèreté et de galanterie qui règne
d'un bout à l'autre de son ouvrage, peut tout au
plus égayer des hommes superficiels; mais l'esprit ni le cœur n'ont rien à gagner à la lecture
de ce livre. *Cousin Despréaux* a touché ce sujet
dans son excellent ouvrage intitulé *Leçons de la
Nature* etc : mais son plan ne lui permettait pas
de donner à cette importante matière tous les
développements désirables.

L'auteur dont je reproduis ici les considérations, m'a paru s'être élevé à la hauteur du sujet
qu'il a entrepris. Il l'a envisagé sous toutes les
faces et n'a laissé rien à désirer. La manière simple et noble dont il présente ses réflexions, son

style ferme et nerveux empreint de toute l'origi-
nalité de la langue allemande, la teinte profondément religieuse qui domine dans cet ouvrage,
me l'ont fait regarder comme un traité précieux
que les jeunes gens liront avec plaisir et avec
profit. Ils y trouveront des aperçus neufs, des
pensées profondes, exprimées avec clarté et précision, des idées élevées et quelquefois hardies
qui transportent l'âme, agrandissent l'imagination et remuent profondément le cœur.

Quant aux opinions de l'auteur touchant les
habitants des autres globes, le lecteur pourra
les admettre ou les rejeter selon qu'elles paraîtront conformes ou opposées aux lumières de sa
raison. Que la terre ne soit point le seul globe
habité, que les autres planètes et tous les astres
du firmament aient aussi leurs habitants capables de connaître et d'aimer Dieu, c'est une
question sur laquelle la révélation garde le silence et qu'elle abandonne aux disputes des
hommes. « Dans cette matière, dit M. *Frayssi-*
« *nous*, les opinions sont libres. » Quelqu'o-
pinion que l'on adopte, les dogmes sacrés de

la religion n'en demeurent pas moins hors d'atteinte : (*) seuls ils sont certains et méritent de notre part la soumission la plus entière, parcequ'ils sont appuyés sur la parole infaillible de l'éternelle vérité : les opinions humaines au contraire, toujours variables parce qu'elles ne reposent sur aucune base fixe, nous laissent toujours flottants dans une pénible incertitude. Les autres globes sont-ils habités ? c'est probable, très probable ; admettons même que ce soit certain : mais quels sont leurs habitants ? de quelle nature sont-ils ? dans quelle condition d'existence sont-ils placés ? Ici comme sur mille autres questions semblables, notre raison ne peut que répondre : *je n'en sais rien.* Pour se prononcer sur un fait positif, il faut l'avoir vu soi-même, ou l'avoir appris d'un témoin digne de foi : or je ne sache pas que les habitants de la terre aient jamais voyagé sur d'autres globes, ni que les habitants des autres mondes aient envoyé un mes-

---

(*) Voir les *Réflexions*, à la fin de l'ouvrage.

sager sur notre terre pour nous apporter de leurs nouvelles.

Quoiqu'il en soit, ce petit traité offre une lecture attachante et instructive ; et j'ose me flatter que mes lecteurs me sauront gré de l'avoir dérobé à nos voisins d'Allemagne pour en enrichir la langue française.

CONSIDÉRATIONS GÉNÉRALES

Sur la disposition

DE L'UNIVERS.

Première Considération.

DU SYSTÈME SOLAIRE.

§ I.

Du Monde Terrestre.

La Terre où le Créateur nous accorda d'établir durant quelque temps notre passagère demeure, offre à l'homme raisonnable qui ne regarde point comme perdus les momens qu'il emploiera à se pénétrer plus qu'on ne l'est communément, de la grandeur de Dieu, par une considération attentive du grand ouvrage de l'Univers, le premier objet de ses études.

Notre planète n'est point, comme se la représente l'homme à courte vue, une surface plane d'une étendue illimitée : elle a la forme d'une boule un peu applatie vers ses pôles, ainsi que l'ont démontré les observations astronomiques et les calculs de la Géométrie. On est parvenu à en connaître toutes les dimensions. Sa circonférence est de 5400 milles d'Allemagne, (*) et son diamètre est de plus de 1720 milles. Sa surface a au-delà de 9,000,000 de milles carrés, et son volume plus de 2662 millions de milles cubes.

Sa surface extérieure est partagée en mers et en continents. On connaît très peu son intérieur, puisque la plus grande profondeur à laquelle on soit parvenu, n'est presque rien par rapport à son diamètre; elle n'en égale point la vingt-millième partie : déjà pourtant à cette profondeur, on trouve des couches de différentes espèces de terres, qui varient d'une manière remarquable et présentent à l'observateur attentif, de nombreux débris qui attestent que notre globe a été anciennement habité. La terre ferme offre à sa

(*) Le mille d'Allemagne est la 15ᵉ partie d'un degré. La lieue commune de France n'en est que la 25ᵉ partie. Le mille d'Allemagne est donc deux tiers plus grand que nos lieues.

surface beaucoup d'inégalités. Quelques contrées
présentent d'immenses plaines légèrement incli-
nées dont l'uniformité en certains endroits, n'est
interrompue que par de petits monticules qui
forment avec ces plaines, des vallées peu profondes. Plus loin se montrent des chaînes de montagnes et de larges vallées qui embrassent plusieurs
milles d'étendue : enfin apparaissent çà et là ces
énormes et monstrueuses montagnes qui portent
bien au-delà des nues, leur front menaçant. (*)
La terre ferme est arrosée par des lacs intérieurs
ou par des rivières qui, descendant des montagnes
les plus élevées, s'étendent comme autant de vei-
nes par une infinité de ramifications sur sa surface, et, après avoir partout répandu la fertilité et
l'abondance, se réunissent dans des lits larges et
profonds et vont se perdre dans les gouffres de
l'Océan.

L'Océan baigne de tout côté les continents terrestres; et en vertu de la loi qui fait graviter tous
les corps vers le centre de la terre, la main du
Tout-Puissant le tient renfermé dans l'immense

(*) Les montagnes les plus élevées n'égalent point la deux-millième
partie du diamètre terrestre.

bassin qu'elle a creusé pour recevoir ses eaux. Il
occupe la plus grande partie de la surface de notre globe; puisque, d'après l'état actuel de nos
connaissances, il a au-delà de six millions de milles carrés de surface , tandis que les continents
en ont à peine trois millions.

Les terres en général consistent en deux grandes îles et en quelques milliers d'autres plus petites. La plus grande des deux îles principales comprend l'Europe, l'Asie et l'Afrique : l'Amérique
forme la seconde. Parmi les petites îles, la plus
considérable est la Nouvelle-Hollande; quant aux
autres, elles appartiennent pour la plupart à l'une
ou à l'autre des deux grandes îles qu'on nomme
parties du monde. Ce ne sont, à proprement parler, que des cimes ou sommets de montagnes qui
s'élèvent du fond de l'Océan. On trouve encore
dans la mer des bas-fonds, des rochers, des bancs
de sable, des tourbillons, etc. Ses eaux sont dans
un mouvement continuel, produit par la pente
qu'elles ont vers un point déterminé, qui change
périodiquement; ou par leur flux et reflux journalier occasionné par les vents qui troublent leur
repos.

Le bienfaisant Créateur de l'univers a destiné
les vastes plaines qui s'étendent sur la surface de

la terre ; à être le séjour de l'homme. Sa sagesse n'a point voulu que notre globe ne fût qu'un désert stérile et inhabité. Elle a peuplé la terre et la mer de plantes et d'animaux dont les espèces innombrables et l'organisation admirablement variée, ravissent d'admiration celui qui s'applique à les étudier ; et qui toutes avec un merveilleux accord, tendent vers le but pour lequel elles furent créées, je veux dire, l'utilité et l'agrément de l'homme.

Les mille millions d'hommes qui, d'après les calculs les plus vraisemblables, vivent sur la terre, se divisent en nations, en races et en familles. Ils en cultivent le sol et en varient l'aspect ; cherchent sur sa surface et même jusques dans son sein, leurs aliments et tout ce que réclament leurs différents besoins. Ils embellissent la nature par les productions de l'art ; se bâtissent, d'un pôle à l'autre, des habitations conformes au climat, aux qualités du sol, à leurs habitudes et à leur manière de vivre. De tous les habitants de la terre, l'homme est le seul qui par l'ascendant de la raison que son Créateur lui a donnée en partage, puisse soumettre toutes les autres créatures à son empire et se les rendre tributaires : il est le seul qui ait reçu le magnifique privilège de s'élever par la pensée jusqu'à l'auteur de son être, d'adorer sa souveraine puissance et de remercier son inépuisable bonté qui, pour préparer à sa créature chérie un séjour agréable, versa tant de biens sur la terre et l'enrichit de tant de trésors.

Immédiatement au-dessus de la terre et tout autour de sa surface, circule un corps subtile, transparent et élastique que nous nommons *air*. Il sert principalement à entretenir la respiration des êtres vivants. Il active le feu, propage le son, hâte l'accroissement des plantes et des animaux, et procure une infinité d'autres avantages intimement liés au bien-être de l'homme. Il occupe la région la plus rapprochée de notre globe, qu'on nomme atmosphère, et qui peut-être s'élève à peine à la hauteur d'un mille au-dessus de notre terre. (*) C'est le séjour des vents qui, tantôt zéphyrs badins et folâtres, jouent avec la feuille légère qu'ils agitent faiblement de leur douce haleine; tantôt ouragans terribles et furieux, bouleversent la nature et portent partout l'épouvante et l'effroi. C'est le réservoir général où vont se rendre toutes.

(*) Les physiciens modernes estiment à 15 ou 16 lieues la hauteur de l'atmosphère.

les exhalaisons des matières végétales et animales
de la terre et de la mer, pour se condenser en nuages qui, par leur aspect brillant et les couleurs
dont ils sont parés, embellissent la voûte azurée
des cieux. D'autres fois au contraire, lorsqu'ils
viennent à s'amonceler et que les différentes matières qu'ils renferment dans leur sein, produisent par leur mélange et leurs combinaisons, des
vapeurs nuisibles, ils nous glacent d'épouvante
par les terribles éclairs qu'ils lancent, et par les
bruyants éclats du tonnerre qu'ils rendent plus
terribles encore en en augmentant et prolongeant
le bruit par leurs nombreux échos. Mais ordinairement ces nuages portés sur les aîles des vents,
passent d'une contrée dans une autre, se résolvent
en pluie, en neige, en rosée ou en brouillards ; et
en échange des vapeurs que la terre leur envoie,
ils lui rendent une salutaire humidité qui porte
la fécondité dans son sein.

La terre reçoit la lumière et la chaleur du Soleil
dont les rayons bienfaisants répandent partout la
vie et la fertilité. Le Soleil en s'élevant chaque jour
au-dessus de nos têtes et s'abaissant au-dessous
de notre horizon, nous donne alternativement
le jour et la nuit. Son ascension dans le cercle
qu'il semble décrire au ciel, nous donne le retour

périodique des différentes saisons de l'année, afin
de rendre, conformément aux intentions de la divine sagesse, notre globe habitable non-seulement sous l'équateur, mais encore vers les pôles
aussi loin que possible.

Lorsque de son terrestre séjour l'habitant de la
terre porte ses regards vers ces corps lumineux
qui placés bien au-delà des nues, semblent attachés à la voûte céleste où ils brillent avec un si
vif éclat, il sent toute son attention puissamment attirée par le magnifique spectacle qui vient
s'offrir à ses regards, et éprouve en lui-même je
ne sais quoi de grand et d'inexprimable. Il voit
le Soleil environné de la plus brillante lumière,
monter majestueusement sur l'horizon; et déjà il
connaît les immenses avantages que cet astre procure à la terre par son mouvement journalier et
son retour annuel. L'astre du jour arrivé au bout
de sa course, vient-il à disparaître au-dessous de
l'horizon, son brillant éclat est à l'instant remplacé par la douce clarté de l'astre silencieux des
nuits; bientôt toute une armée d'innombrables
étoiles vient, en l'absence de la lumière du jour,
décorer la scène du monde, se déployer et s'étendre bien au-delà de la portée de notre faible vue.
L'homme qui contemple le firmament brillant d'un

si magnifique éclat, ne peut s'empêcher de désirer
d'avoir une connaissance plus parfaite de ce grand
ouvrage que la main de Dieu plaça au-dessus de la
terre, afin qu'en le regardant, il puisse goûter un
plaisir autre que celui de la simple vue. Il appelle
à son secours la raison que Dieu lui donna pour
guide, et les leçons d'une expérience raisonnée :
éclairé de ce double flambeau, et déposant toute
espèce de préjugés, il cherche à se former des
idées exactes de la construction de l'univers et
dignes du Grand Architecte de ce magnifique
ouvrage.

Guidé par les règles de la géométrie, appuyé
sur de nombreuses observations et sur les conséquences que sa raison sait en déduire, l'esprit
scrutateur de l'homme s'élevant au-dessus de la
sphère terrestre, s'élance à travers l'immensité
de l'espace, et va considérer les corps célestes
pour en apprécier la grandeur et la distance,
déterminer le cercle qu'ils décrivent et connaître tout ce qui les concerne et qui est digne de
remarque. Il examine quelle place la terre occupe dans l'univers, quel est son mouvement
particulier, quel est son volume comparé au volume des autres corps célestes, quelle liaison
elle a avec eux, enfin quel rang elle tient parmi

les nombreux anneaux de l'immense chaîne par laquelle la toute-puissance divine attache les mondes aux mondes pour n'en former qu'un vaste tout. Les heureux résultats de ses premiers efforts animent son ardeur et le portent à étendre ses recherches à toute l'immensité des cieux. Il découvre entre les globes semés dans l'espace, des distances étonnantes et incroyables à la plupart des hommes. Plus il avance, plus il voit fuir devant lui les bornes qu'il se croyait près d'atteindre. La terre qui paraît si prodigieusement grande à ses habitants, se perd pour ainsi dire, et disparaît, tant elle est petite quand on la compare aux autres corps célestes! Les distances sont si prodigieuses, que toutes les observations et toutes les mesures sont en défaut; de sorte que, afin d'approcher le plus près possible de la vérité, nous ne pouvons procéder que par voie d'induction d'après les lois de l'analogie qui semblent régir toutes les parties de l'univers. Le sage qui veut pénétrer au-delà, réduit à de simples conjectures qui n'ont que le mérite de la vraisemblance, se voit forcé de reconnaître que ses connaissances ont des bornes que sa raison ne saurait franchir, et de confesser enfin qu'il est homme.

Toutefois

Toutefois ce n'est point d'après de simples suppositions et de vaines hypothèses, mais d'après
des observations exactes faites avec la plus scru-
puleuse attention, d'après des calculs rigoureux
basés sur des principes incontestables, et d'après
les découvertes des plus célèbres astronomes des
temps modernes, que nous avançons ce qui suit :

Nous habitons une planète qui n'est par elle-
même qu'un globe opaque : elle est éclairée par
la lumière du soleil dont les rayons bienfaisants
répandent autour d'elle une chaleur vivifiante.
La lune lui a été donnée pour satellite ; et de
concert avec cet astre et quelques autres globes
opaques du système planétaire, elle décrit autour du soleil, une ligne à peu près circulaire
dans l'espace de 365 jours et 6 heures.

§ II.

Du Soleil.

Le Soleil occupe, au milieu de son système,
la place que le Tout-Puissant a jugée la plus en
rapport avec sa destination. Il est placé à peu

près au centre du monde planétaire. Son axe incliné forme avec le plan de l'écliptique, un angle de 82 degrés 1/2 : les astronomes, observant le retour régulier des taches que présente le disque solaire, ont conclu que cet astre tournait sur lui-même par un mouvement de rotation, et ils ont trouvé qu'il achevait sa révolution en 25 jours et 14 heures. Son globe immense comparé à celui de la terre, est 1,400,000 fois plus gros que ce dernier : il a 609,000 milles de circonférence et 194,000 milles de diamètre; c'est plus de 112 fois le diamètre de la terre. Sa surface a au-delà de 118,140 millions de milles carrés et embrasse 12,700 fois plus d'espace que la terre.

D'après l'opinion ancienne, le Soleil serait un feu réel d'où s'échappent des torrents de gaz incandescents qui viennent inonder la terre et tous les autres globes du monde planétaire : la chaleur sensible des rayons solaires et la vertu qu'ils ont d'enflammer les corps solides que l'on présente au foyer d'un miroir ardent, semblent prouver cette opinion. Ce feu n'aurait point besoin d'aliment ; et toute la chaleur qu'il lance au dehors ne lui ferait éprouver aucune perte. D'après *Euler*, les molécules extrêmement subtiles du feu solaire, par un mouvement conti-

nuel d'ondulation, propagent à travers l'atmosphère céleste ou l'éther, la lumière et la chaleur
sur tous les points de l'empire solaire, tout-à-
fait comme une cloche propage le son à travers
l'air, sans éprouver aucune perte réelle. D'après
l'opinion très vraisemblablement plus juste des
astronomes les plus modernes, le Soleil n'est
point un corps en combustion, mais un globe
électrique d'une grandeur immense qui, par
l'extrême vitesse de son mouvement de rotation,
produit et envoye la lumière sur tous les points
de l'empire solaire.

Quant à moi, je le regarde comme un globe
opaque par lui-même, mais que Dieu a environné d'une matière lumineuse (*) qui circule autour de lui comme l'air autour du globe terrestre ; ses rayons dénués de calorique traversent
rapidement la région éthérée ; et d'après la
grandeur de leur angle d'incidence sur les corps
qu'ils rencontrent sur leur passage à travers
l'atmosphère, vu leur étonnante vitesse, selon
la nature du sol sur lequel ils tombent, selon la

(*) Opinion confirmée par une expérience faite à Paris en 1824, sur
la polarisation de la lumière.

qualité des vapeurs qui s'exhalent de dessus la terre, enfin selon le mélange et les différentes combinaisons des matières minérales, végétales et animales, ils produisent et développent plus ou moins de chaleur dans le voisinage de la terre. Quant aux taches du Soleil, je les regarde comme des fentes ou des ouvertures qui se trouvent dans l'atmosphère solaire, ou comme certains espaces privés en tout ou en partie de la matière lumineuse, et par conséquent ne réfléchissant point, ou ne renvoyant que très peu de lumière.

Quelqu'opinion que l'on adopte, il n'en est pas moins vrai que cet astre environné d'une si pompeuse magnificence, répand autour de lui, à une distance incommensurable, la vie, la lumière, la chaleur et la fertilité; et que d'après nos connaissances actuelles, sa bénigne influence s'étend sur sept (*) planètes principales et quatorze (**) satellites, parmi lesquelles est com-

---

(*) Quatre nouvelles planètes ont été récemment découvertes, savoir : Junon, Cérès, Pallas et Vesta.

(**) L'auteur ne connaissait que deux satellites à Uranus : on a découvert depuis, qu'il en a six.

prise la terre avec la lune, et même sur un nombre de comètes incomparablement plus grand.

§ III.

De Mercure.

———

MERCURE est la planète la plus rapprochée du
soleil : cependant il est éloigné de cet astre de
9,400 demi-diamètres terrestres; chaque demi-
diamètre vaut 860 milles d'Allemagne; Mercure
est donc éloigné du soleil de plus de huit millions
de milles. Il est deux fois et demie plus rapproché que nous du soleil; la lumière qu'il en reçoit est donc six fois plus forte que celle qui
éclaire notre globe. Le cercle que cette petite
planète décrit autour du soleil, a au-delà de
50 millions de milles de circonférence : elle
le parcourt en 88 jours, et fait six milles sept
dixièmes par seconde. C'est la plus petite des
planètes : son volume est environ quatorze fois
plus petit que celui de la terre. Lorsqu'elle est
au-delà du soleil et dans son plus grand éloigne-

ment de la terre, sa distance de notre globe est de
29 millions de milles : cette distance n'est que de
13 millions de milles, lorsque Mercure est en-
decà du soleil et dans le point de son orbe le
plus rapproché de la terre.

§ IV.

De Vénus.

Dans un éloignement beaucoup plus considérable, à la distance de 17,500 demi-diamètres
terrestres, ou à plus de 15 millions de milles,
Vénus (*) décrit un autre cercle autour du soleil, dans l'espace de 224 jours. Ce cercle a 95
millions de milles de circonférence. Elle en parcourt 4 milles neuf-dixièmes par seconde. Le
globe de cette planète est à peu près de la même grosseur que le globe terrestre. Elle est une
fois plus près que nous du soleil, et elle en reçoit par conséquent une lumière une fois plus

---

(*) Elle est connue sous le nom d'*Étoile du berger*.

forte que celle qu'il nous envoye. D'après les observations les plus récentes, cette planète tourne sur son axe et fait sa révolution sur elle-même en 23 heures 22 minutes. Quelques astronomes prétendent lui avoir aperçu une lune pour satellite; mais son existence est encore douteuse. Dans sa plus haute élévation au-delà du soleil, sa distance de la terre est de 36 millions de milles : quand elle est en deçà du soleil et plus rapprochée de nous, sa distance est à peine de 6 millions de milles.

§ V.

De la Terre et de la Lune.

APRÈS *Vénus*, à une distance de 24,000 demi-diamètres terrestres, ou bien à 21 millions de milles du soleil, apparaît la planète que nous habitons et qu'on nomme *la Terre*. Elle décrit autour du soleil, un cercle qui a plus de 131 millions de milles de circonférence. Elle le parcourt en 365 jours 6 heures, et fait 4 milles un

dixième par seconde. Son axe incliné sur le plan
de son orbite, forme un angle de 66 degrés et
demi : elle fait autour de cet axe une révolution entière en 23 heures 56 minutes, et parcourt durant ce temps, dans son ellipse autour
du soleil, un espace de 355,000 milles. Son globe est applati vers les pôles d'environ la 192.ᵉ
partie de son diamètre.

Auprès de la terre se trouve la lune son fidèle
satellite, qui l'accompagne dans sa révolution
annuelle autour du soleil. De tous les corps célestes, la lune est celui qui nous avoisine de
plus près : elle n'est guères éloignée de notre
globe que de 60 demi-diamètres terrestres, ou
de 51,000 milles. L'orbite de la lune a environ
326,000 milles de circonférence, et elle décrit
ce cercle autour de la terre en 27 jours 8 heures;
elle parcourt donc 500 milles en une heure. Durant sa révolution autour de la terre, elle ne
tourne qu'une fois sur son axe, et en conséquence elle nous présente toujours la même face. Le
globe lunaire comparé au globe terrestre, a un
diamètre 4 fois plus petit, et présente 14 fois
moins de surface. Son volume est 50 fois plus petit que celui de la terre.

§ VI.

De Mars.

De l'autre côté de notre planète, apparaît *Mars* qui décrit autour du soleil, un cercle beaucoup plus grand que celui de la terre, en un an et 322 jours. Il est distant du soleil de 37,000 demi-diamètres terrestres ou de presque 52 millions de milles. Son orbite a environ 200 millions de milles de circonférence, et il en parcourt 3 milles quatre dixièmes par seconde. Son globe dont l'axe, d'après les plus récentes observations d'*Herschel*, forme un angle de 61 degrés avec le plan de son orbite, est applati vers ses pôles, de la seizième partie de son diamètre, et tourne sur lui-même une fois en 24 heures 37 minutes. Sa distance du soleil est une fois et demie plus grande que celle de la terre : d'où il résulte que le soleil doit lui paraître plus petit dans la même proportion, et qu'il en reçoit une lumière proportionellement plus faible. Cette planète est 6 fois plus petite que la terre ; sa distance de notre globe, dans son plus grand éloignement, est de 52 millions et demi de milles : elle n'est que de 11 millions de milles, quand cette planète est plus rapprochée de nous.

§ VII.

De Jupiter.

———

Vient ensuite *Jupiter* à une distance plus de 3 fois plus grande. Sa révolution autour du soleil s'accomplit en 11 ans et 314 jours. C'est la planète la plus grande que nous connaissions; elle est 1,479 fois plus grosse que la terre. Elle est éloignée du soleil de plus de 126,000 demi-diamètres terrestres, ou de 108 millions de milles. Elle en est par conséquent 5 fois plus éloignée que nous, et la lumière qu'elle en reçoit, doit être 25 fois plus faible que la nôtre. (*) Son cercle

———

(*) Le degré de force de la lumière se mesure sur la distance qui se trouve entre l'objet éclairé et le corps lumineux. Plus la distance est

autour du soleil embrasse 682 millions de milles ;
il n'en parcourt que 1 mille neuf dixièmes par seconde. Son globe est applati vers ses pôles d'environ un quatorzième de son diamètre : son axe
incliné forme un angle de 80 degrés. Cette énorme planète se meut sur elle-même avec une extrême vitesse, et accomplit sa révolution autour
de son axe en 9 heures 56 minutes. Elle a constamment autour d'elle quatre lunes pour satellites. Ces lunes sont à peu près 8 fois plus petites
que la terre. Celui de ces satellites qui est le plus
rapproché de sa planète, en est encore à la distance de 6 fois son demi-diamètre, et employe un
jour et 18 heures à faire sa révolution. Le plus
éloigné en est distant de 26 fois son demi-diamètre, et fait sa révolution autour de sa planète en
16 jours et 16 heures. Jupiter avec son cortège,
dans son plus grand éloignement par-delà le soleil, est éloigné de nous de 129 millions de mil-

---

grande, moins la lumière est forte. Une distance double, donne une lumière quatre fois moins forte : une distance quadruple, donne 16 fois
moins de lumière. Il faut multiplier par lui-même le chiffre qui expri-
me la distance, pour avoir la mesure de la lumière. Elle est toujours
en raison inverse du carré des distances.

les ; et dans son plus grand rapprochement en deçà du soleil , il est encore éloigné de la terre de 87 millions de milles.

§ VIII.

De Saturne.

———

Plus loin, existe *Saturne* qui décrit autour du soleil , un cercle encore une fois plus étendu que celui de Jupiter. Jusqu'à l'an 1781 on la regardait comme la plus éloignée des planètes. Elle est éloignée du soleil de plus de 231,000 demi-diamètres terrestres , ou de plus de 199 millions de milles. Saturne décrit autour du soleil , un cercle qui a plus de 1,280 millions de milles de circonférence, le parcourt en 29 ans 169 jours, et fait un mille trois dixièmes par seconde. Il surpasse de 1,030 fois notre terre en grosseur. Comme il est 9 fois et demie plus éloigné que nous du soleil, sa lumière doit être 90 fois plus faible que la nôtre. Dans la longue route qu'elle fait autour du soleil, cette planète est escortée de 7 lunes. La plus rapprochée d'elle en est distante d'environ trois fois son demi-diamètre, et fait sa révolution autour d'elle en 23 heures. La plus éloignée en est distante de 54 fois son demi-diamètre, et fait sa révolution en 79 jours 8 heures. Outre ces sa-tellites, Saturne a encore, à une certaine distance de sa surface, une ceinture lumineuse, ou un an-neau assez large mais peu épais, interposé entre lui et le premier de ses satellites. La largeur de cette ceinture est 3 fois trois huitièmes plus grande que le diamètre terrestre qui est lui-mê-me dix fois moins grand que celui de Saturne. Cette planète avec sa nombreuse suite est, dans son plus grand éloignement au-delà du soleil, distante de la terre de 220 millions de milles : dans son plus grand rapprochement en deçà du soleil, elle est encore éloignée de nous de 178 millions de milles.

§ IX.

D' Uranus.

⸻

ENFIN en 1781, époque remarquable dans les annales de l'astronomie, on fit la découverte de la septième planète, d'*Uranus* qui, par la grandeur étonnante du cercle qu'elle parcourt, a doublé à nos yeux, le majestueux empire du soleil sur le monde planétaire. Cette planète est une fois plus éloignée que Saturne : elle est distante du soleil de 400 millions de milles; son immense cercle autour du soleil a 2,514 millions de milles de circonférence. Elle met 83 ans à le parcourir, et fait neuf dixièmes de mille par seconde. D'après les observations faites jusqu'à ce jour, le volume de cette planète est 80 fois plus gros que celui de la terre. Dix-neuf fois plus éloignée que nous du soleil, sa lumière doit être 361 fois plus faible que la nôtre. Jusqu'à présent *Herschel* lui a découvert deux satellites. (*) Cette planète, la plus éloignée que nous connaissions, est à 421 millions de milles distante de la terre, lorsqu'elle se trouve dans sa plus haute élévation au-delà du soleil; quand elle est en deçà de cet astre et dans son point le plus rapproché de nous, elle est encore distante de 379 millions de milles.

(*) De nouvelles observations en ont fait découvrir quatre autres.

Tableau

Concernant les Planètes.

d'après les Astronomes Français.

Astres.	Temps des Révolutions Sidérales.					Distances au Soleil en mille Lieues.	Lieues parcourues en une Minute.	Temps de Rotation sur l'axe.			Diamètres en Lieues.	Inclinaison de l'axe sur l'Orbite.	
	ans	J"	H"	M"	S"			Jours	heures	M"		Degrés	Minutes
Soleil.	"	"	"	"	"	"	"	25	12	"	315,000	82	30
Mercure.	"	87	23	14	30	13,361	653	1	"	4	1,130	"	"
Vénus.	"	224	16	41	27	25,000	485	"	23	21	2,787	"	"
La Terre.	"	365	5	48	49	34,500	412	1	"	"	2,865	66	32
La Lune. *	"	27	17	43	11	" 86	14	27	7	44	782	88	30
Mars.	"	686	22	18	27	52,615	329	1	"	39	1,592	61	30
Jupiter.	11	315	12	30	"	180,000	178	"	9	56	33,121	89	45
Saturne.	29	161	4	27	"	329,200	132	"	10	56	27,529	60	"
Uranus.	83	49	8	39	"	662,000	93	"	"	"	12,212	"	"

* La révolution, la distance, la vitesse de la Lune, sont considérées relativement à la Terre.

§ X.

Des Comètes.

———

Outre les sept planètes principales que nous venons de passer très rapidement en revue, il se trouve encore dans le vaste empire du soleil, un nombre beaucoup plus considérable d'autres corps célestes qui se meuvent dans une ellipse très allongée : ce sont les *Comètes*. L'aspect nébuleux, pâle et triste de leur queue lumineuse et souvent très longue, et les différentes formes qu'elle prend ; leur apparition soudaine et inattendue , entièrement différente de tous les autres corps du monde planétaire, les ont fait regarder par le vulgaire superstitieux, comme d'effrayants phénomènes et des signes précurseurs des vengeances de quelque divinité en couroux : mais l'astronomie moderne a démontré que ce sont autant de corps appartenant au monde planétaire, qui paraissent formés d'une matière beaucoup moins compacte que celle des autres planètes, et qui,

outre la lumière qu'ils reçoivent du soleil, sont
environnés d'une masse de lumière qui leur est
propre. Les comètes descendent des extrémités
les plus éloignées de l'empire solaire, traversent
dans leur longue course d'occident en orient et
aussi dans une direction opposée, le plan de l'orbite de toutes les planètes dans tous les sens possibles, viennent souvent bien en deçà du soleil,
s'approchent du voisinage de la terre et deviennent alors visibles pour nous : souvent elles ne
font que raser cet astre puissant qui anime tous
les autres corps, s'en éloignent bientôt, dispa-
raissent aux yeux des habitans de la terre, s'en
vont bien au-delà de l'orbite d'Uranus et emploient
ordinairement des siècles pour faire leur révolution. Beaucoup d'entr'elles ne le cèdent point à
la terre en grosseur; plusieurs même sont d'un
volume plus considérable.

§ XI.

Qu'il peut se trouver d'autres Globes dans l'empire solaire.

L'EMPIRE du Soleil s'étend donc à travers des
espaces

espaces d'une effrayante étendue, sur beaucoup
de corps célestes d'une grandeur considérable et
qui nous sont déjà connus : mais est-il bien croyable que l'habitant de la terre qui, les yeux armés
de puissants télescopes, n'est parvenu qu'avec
beaucoup de peine, il y a 180 ans, à découvrir
les satellites de Jupiter et de Saturne, ait découvert toutes les planètes du monde solaire, et qu'il
n'y en ait plus d'inconnues pour lui? Oserions-
nous prononcer qu'Uranus, dont la découverte ne
remonte qu'à 1781, soit réellement la dernière
borne de l'empire solaire? Ne peut-il point se
faire qu'au-delà de cette inconcevable étendue,
il y ait encore quelques planètes invisibles à
l'homme, qui décrivent un immense cercle autour du soleil? Cela paraît très probable à tout
homme qui réfléchit sur le prodigieux espace
qui reste à parcourir au-delà d'Uranus, avant
d'arriver à la plus rapprochée des étoiles fixes
dont il sera parlé plus bas. Il n'est pas présuma-
ble qu'au milieu de l'orbite de Mercure, il soit
resté quelque petite planète encore inconnue :
mais entre Mars et Jupiter, à quoi bon cet espace
si évidemment hors de proportion? Qui sait si,
dans ce grand intervalle, il n'y a point une planète qui décrive un orbe que la main du Tout-Puis-

5

sant lui a tracé, et que nous n'avons point encore remarquée? (*) Cette planète pourrait ne point le céder en grosseur à notre terre, et pourtant n'être point aperçue à l'aide du télescope, puisque Jupiter avec son énorme masse, ne nous apparaît que comme un point brillant. Une raison beaucoup plus forte qui nous empêcherait de l'apercevoir, serait peut-être que cette planète, probablement d'un volume peu considérable et placée à une très grande distance de la terre, ne réfléchirait point assez fortement la lumière du soleil pour être aperçue de nous. Outre les planètes, il doit se trouver encore dans le système solaire, un nombre considérable de comètes encore inconnues aux astronomes de la terre. Toutes celles qui ont été vues et comptées jusqu'à présent, ne s'avancent pas, dans leur route autour du soleil, au-delà de l'orbite de Mars : mais ne doit-il pas s'en trouver un bien plus grand nombre qui, dans leur périhélie, s'avancent bien au-delà de l'orbite de Mars, de Jupiter, de Saturne, et peut-être même d'Uranus, où elles trouvent plus d'espace pour se mou-

---

(*) On en a effectivement découvert 4 depuis : Junon, Cérès, Pallas et Vesta.

voir? Cela est très croyable : et ces comètes, dans leur prodigieux éloignement de la terre, seraient constamment invisibles pour nous.

§ XII.

Du mouvement des Planètes.

MAIS qu'est-ce qui soutient ces énormes masses et leur donne des aîles pour se mouvoir si librement au milieu de l'espace? Quelle est la force mystérieuse qui les dirige et les maintient dans l'immense orbe qu'elles décrivent autour du soleil, avec tant de régularité et tant de précision? Pourquoi ne s'arrêtent-elles pas lasses et épuisées? Pourquoi s'approchent-elles du soleil, sans craindre qu'il ne les chasse de leur orbite et ne les lance bien loin dans l'espace? Pourquoi, quand elles ont achevé leur révolution, la recommencent-elles, comme si elles avaient puisé une nouvelle force et une nouvelle ardeur? On me dira peut-être que c'est par la volonté de Dieu et par l'action immédiate de sa toute-puissance : c'est là une manière fort commode de répondre à toutes les questions, même les plus difficiles. Il faudrait donc que le Créateur fît à chaque instant un nouveau miracle pour réparer les astres épuisés de leur course, et leur donner de nouvelles forces pourse remettre de nouveau en marche? C'est ce qui ne saurait venir à la pensée de tout homme qui raisonne. Il est plus conforme à la raison de penser que ce Dieu tout-puissant a imprimé dans la nature de tous les corps, une loi fixe et invariable d'après laquelle tous ces immenses corps célestes, une fois lancés dans l'espace, suivent invariablement la route que le doigt du Tout-Puissant leur a tracée. La loi de la gravitation est le ressort qui les fait mouvoir. Cette force qui fait tendre la matière vers un centre, et pénètre tous les corps dans leurs parties les plus subtiles, leur est peut-être aussi essentielle que l'étendue elle-même. En vertu de cette force, les corps tendent toujours à se rapprocher l'un de l'autre, en raison de leur masse et de leur distance. Tous les globes du système solaire gravitent donc et tendent à se rapprocher du soleil, ou bien sont attirés par cet astre; mais abandonnés à cette seule force, ils se rapprocheraient de plus en plus du soleil, et finiraient par tomber sur lui, si, en les formant, la main du Tout-Puissant ne leur

avait aussi imprimé un mouvement tout contraire. Ce mouvement, d'après *Newton*, est une vertu qui s'échappe de leur centre et tend à les chasser de leur orbite en les poussant sur une ligne
droite, dans une direction perpendiculaire à une
autre ligne tirée de leur centre à celui du soleil.
Egalement maîtrisés par ces deux forces, ils sont
obligés de décrire autour du soleil, une ligne circulaire qui revient toujours sur elle-même. C'est
ainsi que les satellites ou les lunes font leurs révolutions autour de leurs planètes. Il en est du
mouvement des corps planétaires autour de leur
centre commun, précisément comme d'une pier-
re qui tend vers la terre, et pourtant décrit un
cercle lorsque, attachée à l'extrémité d'une cor-
de, on la fait tourner autour de la main. Merveilleux accord des lois de la nature, dans les petites
choses comme dans les grandes! Qui pourrait
méconnaître ici l'action du commun Créateur de
l'univers ?

Les planètes décrivent autour du soleil un cercle excentrique, ou bien une ellipse tant soit peu
allongée, ou un cercle ovale. Le soleil occupe un
des foyers de cette ellipse, et sa vertu attractive
agit sur les planètes en raison inverse de leur distance; de sorte que plus une planète se rapproche

du soleil, plus elle en est fortement attirée, et qu'elle sent cette force d'attraction diminuer, à mesure qu'elle s'approche du point de son plus grand éloignement. . . . . .

Mais comme dans leur grand éloignement, les planètes sont obligées de se mouvoir à travers le fluide de la région éthérée, qui, tout subtil qu'il est, pourrait cependant ralentir leur vol et finir par les arrêter tout-à-fait, pour obvier à cet inconvénient, la sagesse du Créateur a très vraisemblablement accordé au soleil une vertu attractive qui agit sur les planètes avec une puissance suffisante pour vaincre la résistance qu'elles rencontrent dans leur course, et leur donner assez de force pour recommencer sans cesse de nouvelles révolutions.

§ XIII.

Particularités des Planètes.

La Lune, en sa qualité de satellite, est le corps céleste le plus rapproché de notre terre; il n'est donc point étonnant que nous le connaissions

mieux que tous les autres. Déjà, à la simple vue, on
aperçoit sur le disque de la lune, des parties clai-
res et des parties obscures; et avec de médiocres
télescopes, on aperçoit beaucoup d'aspérités sur
sa surface. En général, les points éclairés paraissent être autant de continents; les points obscurs
que l'on prenait autrefois pour des mers, sont
aujourd'hui considérés avec beaucoup plus de
raison, comme des terres qui sont moins propres
que les autres à réfléchir la lumière du soleil.
Dans les endroits les plus éclairés, on découvre
une très grande quantité d'enfoncements ou de
petites excavations environnées d'anneaux brillants; et des parties élevées qui, d'après les différentes positions de la lune par rapport au soleil,
ou ne réfléchissent point assez de lumière dans le
fond des vallées, ou bien y projettent des ombres
plus ou moins étendues. Sur un globe aussi considérable que celui de la lune, qu'est-ce que cela
peut-être, sinon des montagnes et des vallées ?
Les astronomes ont estimé que quelques unes des
montagnes de la lune, sont beaucoup plus élevées que les plus hautes montagnes de notre
globe, et que les vallées du monde lunaire ne le
cèdent en rien à nos vallées les plus profondes.
Lorsque la lune est à son croissant et à son dé-

cours, chaque fois que le soleil s'élève ou s'a-
baisse, on aperçoit dans la courbure qui sépare la partie éclairée de la partie obscure, des
points lumineux détachés l'un de l'autre; ce sont
des sommets de montagnes éclairées du soleil plus
tôt ou plus tard que les plaines naturellement
moins élevées. Au milieu des grandes taches obscures que l'on pourrait regarder comme des ter-
rains cultivés ou des forêts, on voit des enfoncements, des sillons et d'autres nuances qui semblent indiquer des plaines bordées de montagnes,
etc., ou bien des îles et des bas-fonds, si on
regarde comme autant de mers, les endroits
obscurs que l'on aperçoit sur la lune. Il y a
quelques raisons de croire que la lune a une
atmosphère qui serait plus transparente que la
nôtre et n'aurait ni nuages ni brouillards; c'est
cette atmosphère qui nous empêcherait d'apercevoir toujours bien distinctement les taches de la
lune.

Vénus, examinée au télescope, présente aussi
de grandes taches ternes, et des inégalités, particulièrement quand elle est dans son croissant :
ces taches que l'on aperçoit dans la courbure du
croissant, entre la partie éclairée et la partie
obscure, sont des indices de l'existence d'une

atmosphère, de montagnes et de vallées. Le
brillant éclat de Vénus nous fait croire que sa
surface est très propre à réfléchir la lumière du
soleil, ou bien qu'elle est redevable de son éclat
au grand nombre de rochers dont elle serait
hérissée. Quelques astronomes ont cru remarquer dans le voisinage de cette planète, quelque
chose de semblable à une lune. Toutefois son
atmosphère a été aperçue en 1761 et en 1769.

Mars présente également des taches obscures
qui changent en partie, et embrassent souvent
une grande étendue de sa surface. *Herschel* a
découvert autour de cette planète, une atmosphère épaisse, remarquable par le changement
de ses taches et sa couleur d'un rouge foncé. Il
n'y a point de doute que Mars n'ait une ou plusieurs lunes pour satellites, quoique nos télescopes ne nous en aient encore fait rien apercevoir : mais ces lunes, proportionnées à la grandeur et à la qualité de leur planète, sont trop
petites et renvoient trop peu de lumière pour
pouvoir être aperçues.

Jupiter, cette énorme planète qui surpasse
toutes les autres en grosseur, observée au télescope, présente très visiblement des sillons ou
bandes parallèles, et aussi quelques taches sur sa

surface où l'on aperçoit très souvent des variations remarquables : ses quatres lunes s'aperçoi-
vent avec de médiocres télescopes.

Saturne, à cause de son grand éloignement,
laisse bien difficilement apercevoir des taches.
Cependant *Cassini*, *Messier*, *Herschel*, avec des
verres achromatiques et des télescopes à réflexion, ont aperçu autour de cette planète un sil-
lon semblable à une ceinture, mais qui paraît
plus faible que dans Jupiter. *Herschel* aperçut
aussi en 1780, sur le disque de Saturne, une ta-
che obscure d'une grandeur considérable. Avec
des télescopes d'une grandeur moyenne, on a-
perçoit le grand anneau qui distingue Saturne de
toutes les autres planètes, qui recueille la lumière éparse du soleil et la réfléchit sur tous les environs de son équateur. Les télescopes que *Herschel* porta à une si grande perfection, lui ont fait
en outre découvrir sept lunes autour de Saturne;
et, selon toutes les apparences, il peut s'en trouver un plus grand nombre.

Mercure se trouvant trop rapproché du soleil,
est, par cette raison, la planète dont la surface
est la moins connue.

Le globe du soleil si brillant et si radieux, a
lui-même ses taches qui, à en juger par leur

grandeur apparente, surpassent de beaucoup en étendue, la surface de notre globe. Nous en avons parlé ci-dessus. Autrefois on les regardait comme des nuages ou des exhalaisons qui s'élevaient de dessus le globe solaire ; aujourd'hui on les regarde avec beaucoup plus de raison comme des cavités sur la surface du soleil, ou comme des parties dénuées de matière lumineuse sur les continents solaires, ou enfin comme des mers. L'apparition et la disparition alternative de ces taches, prouvent qu'il survient des changements sur la surface du soleil. Cet astre brillant est aussi environné d'une atmosphère dont les atômes extrêmement subtiles s'étendent au loin, jusque bien en deçà de l'orbite de la terre, et deviennent quelquefois visibles pour nous, sous le nom de lumière zodiacale.

§ XIV.

Les Planètes sont-elles habitées ?

Maintenant s'il existe dans le vaste empire du soleil, des corps célestes dont les uns sont un peu moins grands, les autres beaucoup plus grands que le globe que nous habitons; si, comme la terre, ils poursuivent autour du soleil une course régulière en plus ou moins de tems, selon qu'ils en sont plus ou moins éloignés, et font, en un tems fixe, une révolution sur eux-mêmes, autour d'un axe plus ou moins incliné sur le plan de leur orbite; il y a donc chez eux comme chez nous, des saisons, des jours et des nuits qui se succèdent régulièrement: si en outre, ils présentent différentes apparences, des zônes, des taches; il est naturel de conclure que sur leur surface il y a des continents et des mers, des montagnes et de vallées, et par conséquent des variations dans leur atmosphère: s'ils ont plusieurs lunes pour satellites; il s'en suit que ce sont des corps qui ont une parfaite ressemblance avec notre globe : si cependant, malgré tant d'analogie avec la terre, tous ces globes étaient sans habitants, quels seraient leur but et leur destination? quelle aurait pu être l'intention du Créateur, en construisant et lançant dans l'espace tant et de si vastes corps? était-ce de fortifier par leur faible éclat, la lumière que la lune nous envoie durant la nuit; ou bien de décorer la voûte céleste, d'une infinité de points

brillants semés çà et là dans son immense contour ? Non certainement. Chacun sait ce que les
planètes peuvent fournir de lumière pour éclairer nos nuits. Leur distance de la terre est si
grande, que la faible lueur qu'elles nous envoient
se perd au milieu des ténèbres. Et parmi les
hommes, combien y en a-t-il qui s'en occupent?
la plupart ou ne les connaissent point, ou, par
une indifférence impardonnable, les jugent à
peine dignes d'un de leurs regards. Combien y
en a-t-il qui aient examiné au télescope la lune
et les autres merveilles du monde planétaire? un
très petit nombre ! et ce serait là le seul but que
Dieu se serait proposé en créant de si prodigieux
ouvrages ! non, jamais ! Comment accorder cela
avec l'infinie sagesse du Créateur qui, dans tous
ses ouvrages, sait toujours proportionner les
moyens à la fin, comme le prouve une infinité
d'exemples que le sage, qui étudie la nature,
rencontre avec admiration sur la terre ? Nous
voyons évidemment que plus les planètes sont
éloignées du soleil, plus la providence a eu soin
de pourvoir à leurs besoins. La terre a une lune
qui éclaire l'obscurité de ses nuits; Jupiter en a
quatre; Saturne plus éloigné en a sept, et même
une vaste ceinture brillante qui l'éclaire; Uranus

encore une fois plus éloigné en a deux. (*)
Que de sagesse dans cet arrangement! Les planètes les plus éloignées ont besoin de plusieurs
lunes pour les éclairer, parce qu'elles reçoivent
du soleil une lumière beaucoup plus faible que
celle qu'il nous envoie. N'y aurait-il donc point
contradiction à supposer qu'une disposition si
sage n'aurait point pour but le bien-être de
créatures vivantes? Ces lunes n'auraient-elles
donc d'autre destination que d'éclairer des déserts tristes et inhabités, où ne se trouverait aucune créature sensible et douée de raison, pour ressentir leurs bénignes influences? Notre terre, qui
est loin de tenir le premier rang parmi les planètes du monde solaire, aura été choisie par le
Créateur pour être peuplée de créatures raisonnables, capables d'admirer la toute-puissance de
l'auteur de leur être, et d'offrir à sa bonté le
tribut de leur reconnaissance; et ces globes immenses qui roulent dans l'espace, en auront été
privés! Non encore une fois! toutes nos observations déposent le contraire.

Que celui à qui cette opinion paraîtrait étran-

(*) Depuis on en a découvert quatre autres.

ge, veuille bien considérer avec nous ce que la
terre (qui, d'après la croyance de la plupart de
ses habitants, doit être l'unique but de toute la
création,) paraîtrait à nos yeux, s'il nous était
donné de l'observer des autres planètes. Consi-
dérée de la lune qui est la plus rapprochée de
nous, la terre serait très visible ; et sans contredit
elle présenterait un diamètre quatre fois plus
grand et une surface quatorze fois plus étendue
que la lune, quand nous l'examinons de dessus
notre globe. Mais si nous pouvions nous transporter dans le soleil, et delà examiner la terre,
elle ne nous paraîtrait que comme une étoile très
petite, à peu près comme Mercure nous paraît
maintenant. De Mercure, elle paraîtrait un tant
soit peu plus grande. De Vénus, la terre présenterait le même volume sous lequel nous voyons
maintenant cette planète, si toutefois, et ce n'est
pas vraisemblable, notre globe présente à Vénus
l'éclat vif et brillant avec lequel celle-ci se présente aux habitants de la terre. Du soleil, notre lune serait à peine visible. De Mercure, on la ver-
rait quelque fois à l'aide de nos télescopes. De
Vénus quand elle est dans son point le plus rapproché de la terre, on pourrait l'apercevoir à l'œil
nu. De Mars, lorsqu'il est en opposition avec le

soleil, la terre ne paraîtrait que comme une étoile extrêmement haute, présentant un diamètre d'environ 3/4 de minute, accompagnée d'une lune qui paraîtrait comme une étoile quatre fois plus petite encore. Mais de Jupiter, ô combien cette pensée est propre à humilier l'orgueil de beaucoup d'hommes! de Jupiter, nous ne pourrions rien savoir de notre planète, au moins à l'œil nu; nous n'en pourrions découvrir aucune trace : et cela se conçoit facilement, quand on pense que Jupiter, dont le diamètre est onze fois plus grand que celui de la terre, ne nous paraît qu'une petite étoile suspendue à la voûte céleste. Supposons donc un *Cassini* transporté sur cette planète, et, ce qui est possible, qu'avec un télescope, il découvre enfin, au firmament, notre terre qui se présenterait comme une petite étoile ayant en diamètre onze fois moins que Jupiter : supposons même qu'elle lui apparaisse aussi grosse que les satellites de Jupiter paraissent à nos yeux; pourrait-il bien persuader aux habitants de Jupiter, s'ils étaient aussi fiers de leur existence que les bourgeois de la terre, et ils auraient plus de motifs qu'eux pour l'être, pourrait-il bien, dis-je, leur persuader que cette petite étoile qu'on découvre à peine, que ce point brillant est habité?

Que

Que serait-ce donc si on cherchait la terre, de Saturne ou d'Uranus ? de ces planètes, qui sont
deux fois et même au-delà de quatre fois plus
éloignées que les autres du soleil, il serait absolument impossible à un habitant de la terre, même avec les télescopes les plus parfaits, de découvrir sa planète.

Les satellites eux-mêmes sont également propres à recevoir et à nourrir des habitants. Notre
lune montre très visiblement des montagnes et
des vallées, des cavités et différentes profondeurs.
On y aperçoit des taches obscures qui peuvent
être des mers, ou des champs cultivés, des forêts etc. Nous apercevrions probablement les mêmes indices dans les satellites de Jupiter et de
Saturne, s'ils étaient assez rapprochés pour être
observés. Notre terre éclaire les nuits de la lune,
d'une lumière quatorze fois plus forte que celle
que la lune nous renvoie. Les satellites de Jupiter
et de Saturne reçoivent de leurs planètes un service semblable et plus grand encore, à raison de
leur moindre distance et de la plus grande étendue de ces planètes. Mais à quoi bon toutes ces
dispositions, s'il ne se trouve là aucun être doué
de raison pour jouir des avantages de cette clarté nocturne ?

4

Mais que penser des comètes qui, dans l'immense domaine du soleil, semblent suivre une course errante et vagabonde, à travers les orbites de toutes les autres planètes ? Soudain elles s'approchent de l'astre radieux du jour, comme pour lui apporter leur tribut et recevoir sa bénigne influence ; et bientôt, reprenant leur vol, elles s'en éloignent et s'élancent au-delà des limites du monde planétaire, à une distance telle que, d'après nos connaissances, la lumière et les influences du soleil ne peuvent que bien difficilement parvenir jusqu'à elles. Ces nombreux corps célestes qui, d'après les opinions les plus récentes, sont des globes formés d'une matière plus légère que celle des autres planètes, et sont en partie brillants par eux-mêmes, sont-ils aussi destinés à être la demeure de créatures organisées, vivantes, capables de sensations et douées de raison ? Pourquoi pas ? La constitution des comètes, leurs qualités et leur lumière particulière ont donné lieu à bien des hypothèses. On pense, et c'est aussi mon opinion, que les comètes ne pourraient être que le séjour de créatures heureuses qui n'ont rien à souffrir des influences toujours très variables du soleil ; et que la bonté du Créateur les a disposées, dans le système général, de manière à être à l'abri de toute révolution. Qui sait si le gonflement considérable de l'atmosphère éclatante d'une comète, lorsqu'elle s'approche du soleil, et l'écoulement des matières extrêmement subtiles, transparentes et lumineuses qui forment sa queue, n'ont point pour but l'existence et le bien-être de ses habitants?

Le soleil lui-même peut avoir des habitants. Supposé qu'il soit réellement un globe de feu, l'éternelle sagesse, la toute-puissance divine aurait trouvé dans l'inépuisable profondeur de ses conseils, le moyen de le rendre habitable; mais si, d'après les opinions vraisemblablement plus justes, il est, non un feu réel, mais un globe électrique, nous comprenons bien mieux encore que sa surface d'une si prodigieuse étendue puisse porter des habitants. Là, dans ce séjour privilégié, les heureuses créatures qui l'habitent, n'ont aucun besoin de la succession alternative du jour et de la nuit; une lumière pure et inextinguible brille toujours à leurs yeux; et au milieu du brillant éclat du soleil, ils goûtent la fraîcheur et la sécurité à l'ombre des aîles du Tout-puissant. Est-il croyable que le Créateur, en construisant un globe d'une grandeur si surprenante, n'ait eu d'autre but que d'en faire un centre autour duquel un certain nombre d'autres globes habités, d'une étendue bien inférieure à la sienne, attirés par sa puissante influence avec autant de facilité que la poussière des champs est agitée par l'haleine des vents, auraient à faire d'interminables révolutions uniquement pour partager sa lumière et sa chaleur? Non ! car ici encore, la sagesse du Créateur ne paraîtrait point avoir mis assez de proportion entre les moyens choisis et la fin proposée.

Seconde Considération.

DES ÉTOILES FIXES.

§ I.

Distance des Étoiles fixes.

AVONS-NOUS, dans nos contemplations, embrassé tous les chefs-d'œuvre que la main de Dieu lança dans l'espace qui environne notre terre ? Les merveilles du monde solaire comprennent-elles tous les êtres auxquels l'Éternel ordonna de sortir du néant ? Tous ces innombrables points brillants dont la voûte céleste se montre parsemée durant l'obscurité des nuits, et que nous nommons *Étoiles fixes*, ne seraient-ils que des corps insignifiants, uniquement destinés à servir de remplissage à l'espace superflu que les planètes et les comètes ont laissé vide ?

Point du tout ! Jusqu'à présent nous n'avons fait que lever la toile : maintenant se présente à nous dans toute sa splendeur, le majestueux et incommensurable théâtre des perfections divines. Pour rendre gloire à l'auteur de l'univers, portons sur les nouvelles merveilles qui se présentent à nos yeux, un regard plein d'une crainte respectueuse, comme il convient aux êtres doués de raison qui habitent la terre.

Toutes les observations que l'on a faites, et les conséquences rigoureuses qui en découlent, prouvent que les étoiles fixes les plus rapprochées de nous, doivent être quelques milliers de fois encore plus éloignées de nous qu'Uranus, qui cependant est la planète du système solaire la plus éloignée. Mais de combien sont-elles éloignées? Question plus facile à poser qu'à résoudre. Toutefois, pour nous faire une idée générale et approximative de l'effrayante distance des étoiles fixes, nous pouvons nous aider des considérations suivantes :

La terre décrit annuellement autour du soleil, une ellipse qui a 48,000 demi-diamètres terrestres de circonférence, ou 42 millions de milles de diamètre; en conséquence, la terre, dans son mouvement annuel, se trouve portée d'un

point de son orbite dans un autre qui est distant
du premier de 42 millions de milles ; dans l'été
par exemple, certaines étoiles fixes sont de 42
millions de milles plus rapprochées de nous
qu'elles ne l'étaient en hiver. . . . Cependant,
chose prodigieuse ! les étoiles fixes nous présentent exactement le même volume en été qu'en hiver. Tout le diamètre de l'orbite de la terre, qui
est de 42 millons de milles, n'est, d'après cela, que comme un point, ou pour mieux dire,
n'a aucun rapport de proportion avec l'incommensurable éloignement des étoiles fixes. Quelques astronomes ont imaginé une expérience
pour déterminer approximativement la distance
des étoiles fixes, car nous ne parviendrons jamais à en avoir la mesure exacte. Déjà *Huyghen*
l'avait entrepris. Il prit pour point de départ, la
grandeur apparente du soleil et la force de sa lumière, comparées à la grandeur et à la lumière
de *Sirius*, comme étant l'étoile fixe la plus apparente : par cette méthode ingénieuse, il trouva
que cette étoile que l'on croit, avec beaucoup de
vraisemblance, être la plus rapprochée de nous,
doit être éloignée de la terre pour le moins
27,664 fois plus que le soleil. Cette inconcevable
distance épouvante déjà l'imagination, puisque,

d'après cette supposition, un boulet de canon lancé de dessus la terre, ne parviendrait à cette planète qu'après 690,000 ans (*). Cependant, d'après *Bradley* et *Lambert,* selon toutes les vraisemblances, et d'après des principes sûrs, on peut avancer que le calcul de *Huyghen* est loin d'être exagéré, et que la distance de cette étoile est plus de 400,000 fois plus grande que la distance de la terre au soleil. Cette assertion est fondée sur ce principe, que la parallaxe annuelle des étoiles fixes est si extraordinairement petite, qu'avec nos meilleurs instruments nous ne saurions l'apprécier. Supposons néanmoins que la parallaxe d'une étoile fixe soit rééllement d'une *seconde ;* d'après les calculs les plus rigoureux, sa distance de la terre doit surpasser de plus de 210,000 fois celle de la terre au soleil : mais d'après les observations les plus exactes, la parallaxe annuelle des étoiles fixes est loin d'être d'une *seconde.* Leur distance doit donc être incomparablement plus grande. Combien n'avions-nous pas raison

---

(*) Un boulet de canon parcourt 600 pieds par seconde. Lancé du soleil, il emploierait, pour arriver à Mercure, 9 ans et demi; à Vénus, 18 ans; à la Terre, 25; à Mars, 38; à Jupiter, 130; à Saturne, 238; à Uranus, 473; de la terre à la lune 25 jours

de dire que l'estimation précédente n'était point arbitraire ni exagérée, mais fondée sur les prin-pes les plus incontestables !

§ II.

Les Étoiles fixes sont autant de Soleils.

Mais de quelle matière sont donc composées les étoiles fixes pour que, à une distance si fort au-dessus de nos faibles conceptions, elles soient néanmoins visibles, et brillent d'un si vif éclat ? Ceci nous prouve évidemment que ces corps ne nous envoient point une lumière empruntée et réfléchie, comme font toutes les planètes : car d'où pourraient-elles tirer leur brillant éclat ? de notre soleil ? Impossible ! Nous voyons claire-ment qu'Uranus, qui est la planète la plus éloi-gnée que nous connaissions, ne nous paraît si pâle, comparé aux étoiles fixes, que parce qu'il ne reflette vers nous qu'une lumière empruntée au soleil; et les étoiles fixes qui sont encore quelques milliers de fois plus éloignées qu'Uranus, lui emprunteraient aussi leur lumière! Ceci n'a pas besoin de réfutation. Mais peut-être l'empruntent-elles aux autres corps célestes? Cette supposition n'est pas plus soutenable : car il faudrait que ces corps fussent lumineux par eux-mêmes pour éclairer les étoiles fixes, comme le soleil éclaire les planètes : mais où sont ces corps? Nulle part. La seule conséquence qui résulte de tout cela, c'est que les étoiles fixes sont des corps qui brillent de leur propre lumière. Mais que penser de leur grosseur réelle? Il faut qu'elle soit bien prodigieuse puisque, à une distance qui fait regarder comme peu de chose celle d'Uranus, qui est pourtant de 400 millions de milles, elles sont encore visibles, tandis qu'Uranus ne paraît que comme un point brillant! Il faudrait que Dieu donnât à l'homme une intelligence tout exprès pour qu'il pût se faire une idée exacte sur les étoiles fixes. Que peuvent donc être ces corps brillant de leur propre lumière, sinon autant de soleils, dont plusieurs, loin de le céder au nôtre, l'emportent sur lui de beaucoup en grosseur? *Il y a donc, dans l'incommensurable étendue de l'Univers, autant de soleils qu'il y a d'étoiles fixes.* Notre soleil n'est rien autre chose qu'une étoile fixe; et, d'après les considérations précédentes, c'est

encore une des plus petites. Si nous pouvions
nous transporter dans une de ces étoiles, et delà
contempler le soleil, il ne se présenterait à nos
regards que comme une petite étoile brillante.

§ III.

Les Étoiles fixes sont innombrables.

———————

Voulons-nous connaître le nombre de tous
ces corps célestes? Déjà à l'œil nu, il nous est impossible durant une nuit claire, de compter l'in-
nombrable multitude d'étoiles qui, comme autant de flambeaux lumineux, brillent à la voûte
céleste : mais avec quel étonnement ne voyons-
nous pas leur nombre s'accroître et se multiplier
indéfiniment, quand nous examinons le ciel avec
le télescope! Sur tous les points de l'immense
contour de la voûte étoilée, dans des espaces très
petits, se montrent à travers le télescope, des
groupes d'étoiles très rapprochées, où la simple
vue ne découvre absolument rien. Plus les yeux
sont aidés de bons instruments, plus nombreuses

se montrent les étoiles dans les obscures profondeurs de la région céleste : elles se montrent
par millions dans la seule voie lactée. Quel délicieux ravissement n'éprouve point l'astronome,
lorsque, atteignant avec son télescope les limites
les plus reculées de la création, il découvre ces
armées de soleils qui se balancent dans l'espace,
et dont son intelligence bornée ne saurait calculer le nombre! Et qui sait combien il n'en existe
point encore de milles milliers que nos télescopes les plus parfaits ne pourront jamais atteindre? Si, portés sur les aîles d'une puissance supérieure, nous pouvions nous arracher à notre
terrestre séjour et nous transporter sur une des
étoiles fixes, très vraisemblablement nous apercevrions encore au firmament, autant d'étoiles
fixes que nous en voyons d'ici bas.

§ IV.

Prodigieux éloignement des Étoiles.

QUELLE incommensurable étendue la création
déploie devant l'imagination effrayée! Où le mor-

tel trouvera - t - il une mesure convenable pour évaluer la distance de ces innombrables soleils, qui éclairent et échauffent les vastes champs de l'espace? Qu'est - ce qu'un rayon terrestre pour une pareille étendue? ce n'est qu'une courte paille, un point! La distance même du soleil à la terre, 21 millions de milles! serait une mesure encore trop petite, puisque d'après nos évaluations déjà étonnantes, selon *Bradley,* nous devrions la multiplier encore 400,000 fois pour arriver à l'étoile fixe la plus rapprochée. Un boulet de canon va trop lentement pour un pareil éloignement. Son vol rapide ne serait que la démarche rampante du limaçon, et n'atteindrait son but qu'après des millions d'années. Il existe dans la nature une mesure beaucoup plus grande pour déterminer la prodigieuse distance des étoiles fixes, sans être obligé de trop multiplier les nombres : c'est la marche de la lumière. Ses rayons franchissent la distance du soleil à la terre, 21 millions de milles, en 8 minutes et 7 secondes, et parcourent par conséquent 41,000 milles par seconde, à peu près la distance de la lune à la terre. Nous ne connaissons point de mouvement plus rapide; et pourtant pour parvenir aux étoiles les plus rapprochées de nous, probablement celles qui sont de la première grandeur ou qui brillent avec plus d'éclat, la lumière emploierait au moins 60 ans! Mais nous apercevons à l'œil nu, les étoiles fixes de la sixième grandeur et même de plus petites encore : de combien de fois donc ne doivent-elles pas être encore plus éloignées que celles de la première grandeur? La lumière serait donc des siècles pour descendre d'elles jusqu'à nous! Mais que sera-ce des petites étoiles de la voie lactée, que l'on n'aperçoit qu'avec le télescope, et des autres groupes plus petits que l'on découvre à peine? Leur lumière, si elles commençaient en ce moment à nous l'envoyer, n'arriverait peut-être à notre globe qu'après un millier d'années révolues. Quelle profondeur! Quel abyme sans fond dans l'œuvre de la création!

§ V.

Les Étoiles fixes envoient la lumière et la chaleur à d'autres globes.

Supposons, ce qui est très vraisemblable, que

les étoiles de la première grandeur sont les plus
rapprochées du soleil, et souvenons-nous que ce
ne sont que des étoiles fixes : nous pouvons supposer encore qu'il y a, entre ces étoiles suspendues dans l'espace, à peu près autant de distance
qu'il y en a entre le soleil et *Sirius* : pourquoi le
grand Architecte de l'univers a-t-il laissé, partout
autour de nous, de semblables distances? Pour
que tous les globes du monde solaire pussent
accomplir autour du soleil, leurs révolutions
régulières, sans en être empêchés par l'attraction
et les autres influences des étoiles fixes trop rapprochées d'eux. Les étoiles fixes sont des corps
parfaitement semblables à notre soleil : leurs distances réciproques seraient-elles donc sans but et
sans utilité? on ne saurait le supposer. Notre soleil, placé au centre de son système, répand autour
de lui, la lumière, la chaleur et la fertilité sur
vingt et une (*) planètes opaques, d'après nos
connaissances actuelles, et sur un bien plus
grand nombre de comètes : et tous ces autres
soleils qui se meuvent dans des espaces immenses, n'exerceraient point le même empire? La

---

(*) On en connaît actuellement vingt-neuf.

main du Tout-Puissant les aurait semés avec profusion dans l'immensité de l'espace et à une distance prodigieuse les uns des autres, pour que
les richesses qui découlent de ces sources abon-
dantes et se répandent à des millions de milles
autour d'elles, aillent se perdre inutilement
dans les espaces vides et inhabités de la création? Non! Ce n'est point ainsi qu'agit la souveraine Sagesse. Sa volonté, par un seul signe,
fit sortir du néant, ces immenses corps qui roulent sur nos têtes et les fixa comme autant de
flambeaux à la voûte céleste, pour envoyer la
lumière et la chaleur à d'autres globes célestes
qui roulent autour d'eux.

Orgueilleux et ignorant mortel! tu prends
peut-être ceci pour autant d'exagérations et de
frivoles jeux d'esprit des astronomes et des philosophes! lève les yeux au ciel et réponds-moi :
si le Créateur éteignait tout-à-coup quelques uns
de ces grands flambeaux suspendus à la voûte céleste, tes nuits en deviendraient-elles plus obscures? Ne dis donc pas : les étoiles ont été faites
pour moi, et ce n'est que pour moi que le firmament brille d'un si majestueux éclat. Myope!
penses-tu donc que ce fut précisément pour toi
que le Créateur forma *Sirius*, et que de son
doigt

doigt puissant il traça aux planètes leur immense orbite? En conséquence, les étoiles fixes n'existent que pour leurs planètes ; et *il y a autant de systèmes planétaires, autant de mondes qu'il y a d'étoiles fixes.* Que d'innombrables royaumes sous le sceptre du Très-Haut ! Qu'est-ce donc que notre monde? En vérité les habitants de notre petite terre, sentent combien ils sont peu de chose dans l'univers. Plein d'admiration et d'étonnement, l'homme recule épouvanté devant de pareilles considérations. Son imagination succombe sous le poids de la créti on ; elle cherche la terre, et ne la trouve plus. Parmi ce nombre infini de corps célestes, notre petit globe se perd et disparaît, comme une goutte d'eau dans l'océan.

§ VI.

Ordre des Étoiles fixes.

———

Mais par quelles lois l'Éternel a-t-il pu fixer dans leurs sphères, ces innombrables armées de corps célestes au milieu des espaces sans borne

5

de l'immensité ? La sagesse de l'Être infini a-t-elle su, là aussi, faire régner l'ordre et l'harmonie? Qui pourrait en douter? Néanmoins, lorsque nous portons nos regards vers la voûte étoilée, durant une nuit sereine , quel désordre apparent n'y apercevons-nous pas ? Parmi ces sublimes merveilles de la nature, aucun ordre, aucune symétrie sous le rapport de la grandeur ni sous le rapport du nombre. Dans quelques endroits, elles sont distribuées avec la plus parcimonieuse économie; dans d'autres au contraire, elles sont semées avec une telle profusion , que l'éclat de l'une nuit à la splendeur de l'autre. D'où vient ce désordre? Faible mortel ! ta petite terre qui, selon toutes les apparences , se trouve reléguée dans un coin du monde , est-elle donc le vrai point de vue d'où tu puisses bien juger l'ordre et la disposition des merveilleux ouvrages du Tout-Puissant? Admets donc, sans aucun doute, que l'éternel Architecte de l'univers a disposé ses soleils dans l'immensité de l'espace, d'après d'autres règles que celles sur lesquelles les habitants de la terre veulent juger de leur symétrie.

Il semble que, lorsqu'on veut s'élever jusqu'à juger l'ordre qui règne parmi les innombrables

armées de l'empire étoilé, la raison humaine devrait s'arrêter silencieuse devant les limites dans
lesquelles elle est renfermée : mais certains phénomènes célestes deviennent pour elle autant de
fils conducteurs, qui lui sont offerts pour pénétrer et ne point s'égarer dans ce mystérieux la-
byrinthe, et parvenir à des conclusions qui ont
un certain poids de vraisemblance.

§ VII.

De la Voie lactée.

UNE chose digne et très digne de remarque,
c'est cet arc lumineux qui, comme un des plus
grands cercles de la sphère, par une suite non
interrompue de points contigus, embrasse l'immense contour de la voûte étoilée ; je veux parler de ce qu'on appelle *la Voie lactée*. Cette magnifique zone est un des sujets les plus remarquables et les plus dignes d'admiration. De même que l'arc - en - ciel présente à nos regards
l'image du soleil, dans chacune des innombrables

gouttes qu'il tient suspendues dans les airs ; de
même cette brillante ceinture qui s'étend d'une
extrémité du ciel à l'autre, nous représente
dans chacun de ses points lumineux, la grandeur de celui qui habite la lumière. Pourquoi,
dans cette zone, cette incalculable quantité d'é-
toiles, cet encombrement tellement prodigieux,
que toutes les autres régions du ciel, comparativement à elle, semblent en être dégarnies ?
Pourquoi son mouvement circulaire, précisément au milieu de la sphère céleste ? Nous pouvons, avec beaucoup de vraisemblance, avancer
les opinions suivantes :

Les étoiles de la voie lactée ne sont réellement
pas plus rapprochées l'une de l'autre que celles
des autres points du ciel ; mais, placées dans les
dernières profondeurs du firmament, et rangées
sur une infinité de plans parallèles, les unes au-
dessus des autres, elles nous paraissent plus a-
moncelées que dans les autres régions du ciel, où
nous ne les voyons que de côté et comme sur un
même plan. D'après cette explication, nous pouvons nous représenter tous les soleils du système
universel, avec leurs planètes se mouvant autour
d'eux, disposés, non en rond comme des globes,
mais sur un même plan et par couches, les uns

au-dessus des autres ; et entre ce système général et les armées d'étoiles de la voie lactée, notre
soleil brillant comme une simple étoile : de cette
manière, toutes les étoiles que nous verrons per-
pendiculairement sur notre tête, ou qui s'écar-
teront à une certaine distance du diamètre de ces
couches, formeront la voie lactée; tandis que les
autres, placées à côté, paraîtront disséminées sur
toute la surface du firmament. Dans notre système solaire, nous sommes apparamment trop éloignés, et placés à côté de la perpendiculaire qui
coupe le plan du système général des étoiles fixes
ou de la voie lactée, puisque la figure apparente
de la voie lactée n'est point un des plus grands
cercles de la sphère céleste. Enfin, selon toute
apparence, nous ne sommes ni au centre ni auprès du centre du plan, mais sur un côté, probablement vers l'endroit où nous voyons le *Cy-*
gne, l'*Aigle*, etc.; puisque dans cette partie, la
voie lactée paraît plus large, plus brillante, et
ses étoiles se montrent moins pressées que dans
la partie qui se trouve auprès d'*Orion* et dans ses
environs. D'après cette supposition, tous les systèmes planétaires en général, auraient avec la
voie lactée le même rapport que les planètes ont
avec le zodiaque.

Cette explication nous paraît si peu forcée, si naturelle, qu'il est surprenant que les astronomes, à l'aspect de la forme si remarquable de la voie lactée et de la place qu'elle occupe, circonstances que des observations très concluantes prouvent n'être qu'accidentelles par rapport à nous, n'aient pas déjà depuis long-temps hasardé la même opinion sur la disposition des étoiles fixes au milieu de l'immensité de l'espace. Cette hypothèse devrait encore être d'autant plus volontiers adoptée, qu'elle vient à l'appui de cette grande vérité, savoir que sur le vaste théâtre de l'univers, il y a dans les plus grandes choses comme dans les plus petites, un ordre et une harmonie admirables, qui font glorifier partout la sagesse du Créateur. Pourrait-on accuser comme coupable d'une téméraire audace, l'habitant de la terre qui réfléchit sur la disposition générale du système planétaire, quand le seul aspect de la voûte étoilée l'invite à en faire le sujet de ses méditations ?

§ VIII.

Du Mouvement des Étoiles.

———

On croyait anciennement que les étoiles fixes
n'avaient aucun mouvement : l'astronomie moderne enseigne qu'elles ont, comme tous les autres corps célestes, un mouvement particulier,
mais que l'on ne saurait remarquer qu'après bien
des siècles révolus, à cause de leur prodigieux
éloignement. Les nombreuses armées d'étoiles
fixes ou de soleils qui, d'après ce que nous venons
de dire, forment la voie lactée, se meuvent donc
de concert dans un immense orbite, autour d'un
soleil d'une grandeur au-dessus de toutes nos
conceptions, placé au centre de ce mouvement
général. En conséquence de nos observations
précédentes, ce soleil central doit se trouver du
côté où la voie lactée nous paraît plus étroite ; et
comme nous ne sommes point tout-à-fait dans
le plus grand plan de cette zone, il doit se présenter au firmament, un peu en dehors de la
voie lactée : or, *Sirius* remplit cette double con-

dition ; aussi plusieurs astronomes lui assignent-
ils ce rang distingué. De cette manière, tout le
système planétaire de la voie lactée est en grand
ce que notre système solaire et tous les autres
systèmes de l'univers sont en petit. Quelle idée
nous faire de ce soleil central auquel sont subor-
donnés d'autres soleils sans nombre , avec la
prodigieuse quantité de planètes qui se meuvent
autour d'eux! ne doit-il point être proportionné,
en volume et en étendue, au vaste domaine dont
il est le centre ? Et le magnifique éclat avec lequel *Sirius* se présente à nos regards , n'annon-
cerait-il pas qu'il est investi de cette haute dignité ?

Mais que se passe-t-il dans les vastes espaces
de l'univers, si, non-seulement les planètes se
meuvent autour de leur soleil, mais si tous
les systèmes de l'univers reconnaissent encore
l'empire d'autres corps incomparablement plus
grands , et décrivent autour d'eux d'incommensurables orbites dans les champs sans borne
de la région céleste, par un mouvement qui
ne deviendra sensible aux habitants de la terre
qu'après des siècles ? Dans la création il n'y a
point de globe qui soit dans un état de repos ab-
solu, mais tous sont assujettis à la loi du mou-

vement. On peut l'avancer sans plus d'observations; car il ne saurait exister dans l'univers, de
corps absolument inerts. Le mouvement est une
des qualités essentielles au monde ; sans lui ,
l'univers ne serait qu'une machine usée, une
masse sans ressort et sans vie ; et le plan de la
création, qui présente sans cesse de nouveaux
changements et d'admirables variétés , ne serait
point rempli. Quoique nous ne connaissions
point maintenant les lois qui dirigent le mouvement de ce vaste ensemble , et que nous man-
quions de connaissances , de nombres et de mesures pour déterminer et préciser d'avance à
combien de degrés les habitants de la terre esti-
meront le mouvement des étoiles fixes dans les
siècles à venir, il est pourtant très vraisemblable
que ceux qui viendront après nous, à force d'observations attentives et souvent répétées, appro-
cheront graduellement de cette connaissance si
désirable.

§ IX.

Les Étoiles fixes sont soumises aux lois de l'attraction.

Mais qui est-ce qui maintient ces innombrables systèmes solaires dans un ordre si constant? quel est le lien puissant qui les unit tous ensemble comme autant d'anneaux d'une chaîne immense qui embrasse tout ce qui existe? Nous ne connaissons point de force autre que l'attraction, quoiqu'il soit possible que le maître du monde ait placé dans la nature des corps, une autre loi que la raison humaine ne parviendra peut-être jamais à découvrir. Cependant nous avons remarqué ci-dessus, que c'est en vertu de cette force attractive, que les planètes de notre système solaire étaient retenues dans leur orbite, et entraînées autour du soleil. Il est à présumer que cette invariable loi de la nature, s'étend à toute l'immensité de l'espace, fixe chaque soleil à sa place, et les établit à des distances en rapport avec leur volume, et proportionnelles à

l'influence plus ou moins grande qu'ils exercent
sur leurs planètes respectives. Selon que nous
l'avons déjà remarqué, il doit se trouver entre
chaque soleil, un espace assez étendu pour que
la force attractive qui porte les planètes d'un
système vers leur soleil, n'atteigne pas les planètes d'un autre système, afin d'éviter une per-
turbation générale dans tout l'univers. Semblable à une chaîne immense, la gravitation étend
sa puissante influence sur toutes les parties de
l'univers et les presse l'une vers l'autre, pour les
coordonner et les unir comme autant de mem-
bres d'un vaste corps. C'est en vertu de cette loi
que l'ensemble des systèmes solaires qui, d'après
nos suppositions, forment la voie lactée, est at-
tiré vers un corps central situé au milieu du système général, et se meut circulairement autour de lui. Ainsi tous les systèmes de l'univers
ont entr'eux les rapports les plus exacts, et sont
à l'abri de tout choc qui pourrait les anéantir.
Telle est la balance qui dans les mains de l'É-
ternel tient les mondes dans le plus parfait équi-
libre.

§ X.

Les Étoiles sont-elles habitées ?

D'après ce qui vient d'être exposé, je crois être appuyé sur les plus solides fondements pour pouvoir conclure que tous les globes semés dans la vaste étendue de l'espace, sont habitables, et doivent avoir des habitants ; à moins que l'Être infini qui a créé l'univers, n'ait eu des motifs impénétrables à notre faible intelligence pour faire exception. Je ne me représente aucun soleil, aucune planète, aucune comète, ni aucune lune inhabités et entièrement vides. Je veux que tous ces corps soient peuplés de créatures raisonnables et d'autres créatures vivantes, pour les besoins et l'avantage des premières. *Partout où un globe céleste peut se mouvoir, là un globe céleste se meut ;* (*) *et partout où des êtres peuvent*

(*) Propositions exagérées : la masse des possibles est infinie, et par conséquent inépuisable. Quelqu'extension que l'on donne à l'espace, quel que

éprouver le bonheur, là se trouvent des êtres vivants. Comment pourrait-il en être autrement? L'univers est l'expression de toutes les perfections divines, le plus parfait ouvrage de l'éternel Créateur toujours agissant, qui est la source même de la vie : devrait-il s'y trouver un seul point où la vie et l'activité des créatures ne vinssent proclamer cette grande vérité? Combien notre planète n'est-elle point richement peuplée d'hommes et d'animaux de toute espèce! Ces derniers principalement sont répandus en nombre prodigieux sur toute la surface du globe, dans les entrailles de la terre, comme dans le sein des mers. Et quels nouveaux mondes le microscope ne nous a-t-il point découverts jusque dans les plus petites choses! Une goutte d'eau fourmille d'une quantité prodigieuse de créatures vivantes. Des êtres vivants se montrent par millions là où l'homme n'aurait jamais soupçonné leur existence. La poussière elle-même paraît être peuplée; et com-

---

soit le nombre des êtres créés, on pourra toujours et indéfiniment concevoir un espace plus grand, et des créatures plus nombreuses. Tant que la puissance créatrice ne pourra dire : je ne puis aller plus loin, on pourra concevoir quelque chose au-delà de ce qui existe.

bien ne peut-il pas encore se trouver de ces petites créatures jusque dans les plus petites molécules de la matière, que les yeux de l'homme
ne découvriront jamais, même avec les plus parfaits microscopes! Qu'il soit très vraisemblable
que toutes les planètes voisines de la terre et
qui, comme elle, se meuvent dans l'empire solaire, aient leurs habitants raisonnables, nous l'a-
vons exposé plus haut : mais n'y aurait-il que ce
coin du monde que comprend le système solaire,
et particulièrement la motte de terre sur laquelle
nous recevons la vie et la nourriture, qui serait
peuplée, tandis que sur les innombrables globes
des incommensurables espaces de la création, il ne
régnerait que le silence de la mort! Tous les autres
soleils si prodigieusement éloignés n'enverraient
la lumière et la chaleur sur leurs planètes, que
pour éclairer de tristes et d'affreux déserts! Et il
n'y aurait là aucune créature raisonnable pour
profiter des puissantes et salutaires influences de
tous les systèmes solaires, aucun être qui aurait
le sentiment de l'existence et du bonheur! Du
milieu de ces espaces sans borne, il ne s'éleve-
rait aucun hymne de louange vers le trône du
souverain Maître de l'univers, qui est lui-même
l'éternel amour, et qui, d'après toutes nos con-

sidérations, n'a créé les mondes que pour faire le bonheur des créatures? Qui ne rougirait d'avoir des pensées si basses, de la sagesse et de la bonté de Dieu? Mais peut-être la puissance du Créateur n'aurait pu suffire à peupler tous les corps célestes? Qui oserait se permettre une semblable réflexion?

§ XI.

Sur les Habitants des Étoiles.

Il est vrai cependant que l'existence des habitants de tous les globes de l'univers, ne peut être que problématique à la faible intelligence des bourgeois de la terre. Leur raison bornée invente mille questions souvent ridicules sur les qualités et la destination de tous ces habitants; et le plus sage parmi les hommes ne se hasardera jamais d'y répondre d'une manière décisive. On s'imagine généralement qu'il doit y avoir une analogie plus ou moins grande entre la terre et tous les autres globes de l'univers, comme si l'Éternel en dressant le plan général de tous les mondes, avait dû se régler sur notre terre qui n'est qu'un point parmi eux! En ce cas combien l'univers serait simple! nous ne voulons point établir de comparaison entre la planète que nous habitons et tous les autres corps célestes, ni sous le rapport de leur disposition cosmologique et des qualités qui leur sont propres, ni sous le rapport des facultés corporelles ou spirituelles de leurs habitants. Si, même ici-bas, le Maître de la nature a su mettre jusque dans les plus petites choses, une diversité telle qu'il n'y a point deux feuilles sur un arbre, deux grains de sable sur le rivage de la mer, qui soient parfaitement semblables, quelle ressemblance peut-on espérer de trouver entre deux systèmes solaires? Est-ce que le Créateur n'aura pas su trouver dans les inépuisables trésors de sa sagesse et de sa puissance, le moyen de produire des mondes différents les uns des autres? Il est très probable que les choses sont disposées dans les autres planètes, tout autrement qu'elles ne le sont sur notre globe. Chacun des innombrables globes qui roulent dans l'immensité de l'espace, a son arrangement particulier, ses productions et ses habitants variés d'après toutes les combinaisons, toutes les formes et toutes les espèces possibles. L'inépuisable

sable diversité de plans que l'éternelle Sagesse
tient cachée dans ses trésors, nous permet cette
supposition. Peut-être y a-t-il des mondes habités par des êtres plus imparfaits que nous autres
habitants de la terre : peut-être aussi y en a-t-il,
et il est à présumer que c'est le plus grand nombre, qui sont peuplés d'habitants doués des plus
hautes qualités de l'esprit et du corps. Quelques
philosophes ont prétendu, et cela paraît fondé
en raison, que les facultés intellectuelles d'un
homme varient selon que l'enveloppe matérielle
qui renferme son âme, est composée de parties
plus ou moins déliées; que ces différences sont
réglées sur la distance plus ou moins grande qui
sépare la planète habitée du centre de son système; que plus cette distance est grande, plus les
facultés intellectuelles sont élevées et ennoblies;
de sorte qu'il y aurait une gradation constante
dans les perfections des créatures qui habitent
notre système solaire, et celles des habitants des
autres systèmes de l'univers. D'après cela, la
matière dont les êtres doués de raison, les animaux et les plantes sont formés, serait d'autant
plus légère, plus fine, plus élastique; les parties en seraient d'autant plus avantageusement
coordonnées entr'elles, et particulièrement les

6

corps des êtres pensants seraient d'autant mieux
appropriés aux besoins et au service de l'âme,
que leur planète serait plus éloignée du centre de
son système ou de son soleil. Or, il y a un nombre incalculable de systèmes solaires parfaitement coordonnés entr'eux, et se mouvant ensemble autour d'un centre commun : il faut donc
que les facultés intellectuelles de tous les êtres
doués de raison, qui habitent tous ces corps semés dans l'espace, soient d'autant plus élevées,
d'autant plus sublimes, que ces habitants se trouvent plus éloignés du centre commun de l'univers. Quelle immense échelle de perfections dans
les créatures organisées et les êtres doués de raison ! Les créatures placées au bas de cette échelle, diffèrent peut-être à peine de la matière bru-
te ; et celles qui en occupent l'échelon le plus é-
levé, n'approchent peut-être encore que de loin,
les êtres qui ne tiennent que le dernier rang
dans l'ordre sublime des pures intelligences.

Mais dans d'autres mondes plus parfaits, les
êtres composés de corps et d'esprit doivent-ils
ressentir, pour les plaisirs sensuels, ce penchant
honteux qui, comme il n'arrive que trop souvent
sur notre globe, exerce sa tyrannique domina-
tion sur les nobles facultés de l'âme, de sorte

que les habitants de ces mondes privilégiés aient
aussi la malheureuse possibilité de se rendre coupables? ou bien sont-ils doués de qualités de
l'âme tellement élevées, d'une prudence si grande, qu'ils rougiraient de se soumettre au honteux
esclavage des sens?

Qui sait?
Chaque étoile peut-être, en sa brillante sphère
Reçoit d'heureux esprits revêtus de lumière :
Si le vice, en tyran, domine en ces bas lieux,
La vertu tient en main le sceptre dans les cieux.

Haller.

Mais quel est l'enfant de la terre qui osera pénétrer et chercher à éclaircir ces mystérieux secrets? Ce n'est que quand son esprit, dégagé de sa
mortelle enveloppe, habitera des sphères plus
élevées, qu'il lui sera donné de soulever le voile
qui cache ces mystères.

§ XII.

Des Étoiles nébuleuses.

———

Je ne puis me défendre de porter encore un

regard d'étonnement sur l'empire de la création, et de réfléchir sur les prodigieux espaces qui enveloppent tous les mondes et tous les systèmes solaires. Ici nous échappent toutes nos idées de nombre et d'étendue. La distance qui s'étend de la terre à l'étoile fixe la plus voisine de nous, est une mesure qui devient nulle par rapport à l'incompréhensible étendue de l'espace. Porté sur les ailes de la lumière, je m'élance à travers tous les espaces de l'immensité des cieux; il me faudra 6o ans pour arriver à la plus rapprochée des étoiles! Mais de combien de centaines de fois ne puis-je point encore supposer plus éloignées les étoiles que l'infatigable observateur de la nature, *Herschel*, découvrit dans la voie lactée, à l'aide de son excellent télescope? Et à des distances des milliers de fois plus éloignées encore, ne peut-il point exister une infinité de mondes solaires, qui échapperont toujours à nos regards aidés des instruments même les plus parfaits? La lumière emploierait donc des milliers d'années pour franchir ces incalculables distances! Mais voici plus encore! Que peuvent être ces taches entièrement distinctes de la voie lactée, que de bons télescopes nous montrent dans toutes les régions du ciel, comme autant de points brillant d'une lu-

mière pâle, et qui sont connues sous le nom d'É-
toiles nébuleuses? *Herschel* en a remarqué quelques centaines de cette espèce, dans *Orion*, dans
la ceinture d'*Andromède*, dans *Antinoüs*, le *Sa-
gittaire*, le *Verseau* etc. Il est à présumer que
ces étoiles nébuleuses sont encore infiniment plus
éloignées que les étoiles fixes de la voie lactée
les plus rapprochées de nous. Nous sommes fon-
dés à nous en faire les idées les plus relevées. Ce
qu'il y a de particulier en elles, c'est qu'elles se
présentent sous une forme régulière, généralement un peu allongée ou elliptique. Quelles déli-
cieuses émotions viennent faire tressaillir mon
âme lorsque, armé d'un bon télescope, j'examine entr'autres, l'étoile nébuleuse si remarquable
qui se trouve dans l'épée d'*Orion!* Il me semble
que je vois une autre voie lactée au-delà des limites de la nôtre.

Ces taches nébuleuses, ou ces points faiblement
lumineux semés sur la voûte céleste, pourraient
fort bien être des voies lactées d'un autre ordre
de mondes plus élevés, lesquelles, ainsi que *Herschel* s'en est expliqué lui-même, par l'éclat réu-
ni de leurs innombrables étoiles, ne nous apparaissent que comme des points lumineux, sans
qu'il nous soit possible d'en distinguer les étoi-

les. O Création ! que ton étendue est inexprimable ! L'habitant de notre petite terre s'éblouit et
chancelle, quand son faible esprit ose porter un
regard téméraire sur la profondeur de tes aby-
mes ; et sa langue ne peut que balbutier , faute
d'expressions qui puissent ébaucher les premiers
traits de ton incompréhensible grandeur ! Les
rayons de la lumière, malgré leur inconcevable
vitesse, laisseraient écouler des milliers d'années
avant d'arriver des hauteurs de ces voies lactées
jusqu'à notre terre. Mais ces taches nébuleuses
pourraient bien n'être qu'une zone d'étoiles qui
serviraient de bornes à notre voie lactée ; et peut-
être, à des distances plus grandes encore, s'en
trouve-t-il beaucoup d'autres semblables dont
nous ne pourrons jamais découvrir les points lumineux, même avec les gigantesques télescopes
de *Herschel.* Nous pouvons enfin supposer, et
cela s'accorde avec l'infinie grandeur de Dieu,
nous pouvons supposer que tout ce que nos yeux
et nos télescopes peuvent découvrir au firmament, n'est encore que la plus petite partie de
tout ce que le Tout-Puissant voulut bien appeler
à l'existence. Où sont donc enfin les bornes de
l'univers ? Où finit la création du monde visible ?
Mystère caché sous un voile impénétrable ! Ces

limites ne sauraient être connues de la faible intelligence de l'homme.

> Il peut bien se pencher sur le bord de l'abyme ;
> Jamais il n'en pourra fixer la profondeur.

L'univers doit-il n'avoir point de limites, et
contenir un nombre infini de mondes, de systèmes planétaires et de voies lactées placées les
unes au-dessus des autres ? Ceci semble être op-
posé à la nature du monde corporel dont l'essen-
ce est d'avoir des bornes. Une suite de mondes
sans nombre et sans fin, est non-seulement incompréhensible, mais encore contradictoire. Cependant, pour parler d'après les idées humaines, l'espace doit être sans limite. La raison humaine ne peut admettre la pensée que l'espace
soit aussi l'ouvrage de la Toute-puissance divine.
Elle n'admet pourtant pas davantage que deux
infinis, Dieu et l'espace, puissent subsister ensemble. Ce qu'il peut y avoir de plus honorable
pour elle, c'est de reconnaître ici sa faiblesse ;
car elle ne peut naturellement se figurer que l'espace ait des bornes.

§ XIII.

Immensité de l'Univers.

Toute la création terrestre, déjà d'une si inconcevable étendue, disparaît pour ainsi dire, au milieu des espaces sans borne que Dieu remplit de sa présence. Là, où le monde corporel finit, à ce point où la raison humaine peut à peine s'élever pour avoir une juste idée de l'espace, là commence un nouvel univers qui rend insuffisantes et inutiles toutes nos expressions d'étendue et de distance. On pourrait même dire que, comparativement à ce nouvel univers, le prodigieux contour de notre voie lactée, n'est que comme une goutte de rosée sur la sphère d'*Uranus*. Là, au-dessus de ce monde visible, brille la majesté du souverain Maître de tous les mondes, avec un éclat infiniment plus resplendissant. Là, sont les *hiérarchies*, les *trônes*, les *Dominations* et les innombrables armées de purs esprits de l'ordre le plus élevé. Là . . . mais quel

mortel pourrait élever ses pensées jusqu'aux ineffables prérogatives de ces brillantes sphères ?

Peut-être, dans les incommensurables espaces
de la création, y a-t-il un point auquel sont sub-
ordonnés tous les systèmes planétaires et toutes
voies lactées. Qui sait si, dans ce centre général,
ne brille point un soleil plus que matériel, et si
ce n'est point là qu'est le siège de la puissance
divine ? De ce point central, émaneraient toutes
les lois qui régissent l'immensité des mondes ;
C'est là que serait placé le ressort puissant qui
fait mouvoir toutes les parties de ce prodigieux
ensemble. C'est de-là que la main de l'Éternel,
au commencement de toutes choses, aurait formé tous les soleils avec leurs sphères, lesquels,
au premier signe, se sont lancés à travers l'immensité de l'espace où, par un mouvement régulier, ils décrivent d'immenses orbes, et emploient des milliers de millions d'années, pour
achever des révolutions qu'ils recommencent sans
cesse. C'est de-là que l'œil de la Providence por-
terait ses regards sur tous les soleils, sur tous les
systèmes et toutes les voies lactées de l'univers,
pour les maintenir en ordre et empêcher que rien
ne se dérange et ne périsse, ni dans le détail ni
dans l'ensemble. C'est de-là enfin, jusqu'aux

derniers soleils qui éclairent les limites les plus
reculées de la création matérielle, et bien au-delà
du monde corporel, à travers des espaces illimi-
tés qui effrayent l'imagination , que s'étend la
présence du Monarque suprême dont la bienfaisante providence veille sur l'homme et sur le séraphin , en même temps qu'elle prend soin de
l'humble vermisseau , et que des myriades de
mondes peuplés de créatures raisonnables , des
myriades de pures intelligences , adorent dans
un religieux tremblement. Cette pensée est trop
importante à mes yeux pour que je n'y arrête
point quelques instants mon esprit. Elle est extraordinairement féconde en émotions salutaires.

 Pénétré d'un saint transport, je porte ma
pensée vers le temps où le temps n'était pas encore, où il n'y avait que Dieu seul, où le monde visible commença d'être. — Un éternel cahos
couvrait la nature. — Il plût au Créateur de former un monde. Sa sagesse choisit parmi tous les
mondes possibles, celui qu'elle jugea le meilleur;
et du soufle de sa bouche, elle lui donna l'existence. L'Eternel sema aux pieds de son trône,
des soleils sans nombre, mesura et assigna à
chacun sa sphère; et des millions d'esprits d'une
nature supérieure étaient les témoins de ces créa-
tions.

§ XIV.

Création de l'Univers.

━━━

Mais combien y a-t-il de temps que les atômes semés dans l'espace par le souffle de l'Être incréé, commencèrent à se mouvoir pour la première fois, et à se transformer en globes solaires et en globes terrestres, d'après les lois que la volonté divine prescrivit à la nature? Combien y a-t-il? L'homme, il est vrai, ne connaît point le commencement des œuvres du Très-Haut; une sainte obscurité lui en dérobe la connaissance : ce qu'il sait avec certitude, c'est que ce monde visible ne peut exister de toute éternité; son origine, sa création ou son passage du néant à l'être, supposent qu'il a eu un commencement. Mais est-il bien croyable que tout ce qui est, ne re-

monte pas au-dela de 6,ooo ans? (*) Je ne sau-
rais le croire. Admettons cependant que les corps
de notre système solaire, ne commencèrent qu'à
cette époque à se former d'après les lois prescrites
par la volonté du Créateur ; ou bien que notre
terre seulement subit un changement particulier,
et commença dès lors à recevoir des habitants
dont les descendants couvrent encore aujour-
d'hui sa surface; on peut avancer sans hésiter
qu'alors, depuis des myriades de milliers d'années, dans d'autres champs de la création, bril-
laient déjà les perfections de la puissance et de
la bonté de Dieu; et que bien long-temps avant
nous, des millions de langues de créatures heureuses fesaient monter des hymnes de louange
vers le trône du père de l'univers, dont la main
puissante décora la voûte céleste avec tant de magnificence, et saisissant ensemble des légions de
mondes, les lança à travers l'immensité de l'espace.

(*) On peut reculer aussi loin que l'on veut le mot *au commencement*, employé par les livres saints, et regarder les *six jours* de la création comme des périodes de temps indéterminées : la révélation ne s'y
oppose pas. La chronologie de Moïse date moins de l'instant de la création
de la matière, que de la création de l'homme.

Confér. de M. Frayssinous.

Mais s'il y a d'innombrables milliers d'années
que l'infinie puissance de Dieu produit des mondes, doit-elle, après avoir créé, il y a environ
6,000 ans, notre terre avec les premiers pères de
ceux qui l'habitent aujourd'hui, être restée dans
l'inaction? Dieu a-t-il cessé tout-à-fait de créer?
Ses plans pour la formation de nouveaux mondes, sont-ils épuisés? ou bien sa puissance a-t-
elle atteint ses dernières limites? Qui pourrait
le penser? Sur quelles raisons plausibles pourrait-on s'appuyer pour le soutenir? Pour hasar-
der dans le langage humain quelque pensée digne de la divinité, représentons nous que maintenant encore, et particulièrement au-delà des
limites de cet univers, de nouveaux soleils avec
leurs sphères, reçoivent de l'infinie puissance
créatrice qui ne connaît point de bornes, l'ordre
de se former d'après les lois originairement imposées à la nature, et apparaissent resplendissant
de lumière, pour enrichir le vaste théâtre de l'u-
nivers. D'ailleurs, par la libre volonté du souverain Maître dont il ne sera jamais donné à la raison humaine de pénétrer les décrets, d'anciens
soleils peuvent s'éteindre, des mondes entiers
tomber en ruines, et fournir des matériaux pour
la construction de nouveaux mondes; comme

aussi, d'autres mondes encore informes peuvent revêtir de nouvelles formes, et présenter de nouvelles beautés à l'univers.

§ XV.

Des changements dans l'aspect du Ciel.

———————

PEUT-ÊTRE mes lecteurs me diront-ils : si de pareils changements avaient lieu dans les régions célestes, ne devrions-nous pas nous en apercevoir d'ici bas? Je répondrai que, selon toutes les apparences, on en a effectivement aperçu des traces au firmament. Il est parlé d'étoiles fixes que les anciens astronomes voyaient briller au ciel il y a quelques siècles, dont on ne peut plus rien apercevoir aujourd'hui. Il y en a qui se présentent tantôt brillantes, tantôt nébuleuses : d'autres qui n'ont paru qu'une fois et qui peut-être ne reparaîtront jamais. Peut-être quelques unes des étoiles qu'on appelle *nouvelles* ou *errantes*, ont-elles éprouvé les mêmes catastrophes. De plus, il peut s'opérer beaucoup de changements parmi

la prodigieuse quantité d'étoiles de la voie lactée,
sans que les meilleurs yeux des astronomes les
plus clairvoyants en puissent rien apercevoir. A-
joutons qu'il y a à peine un siècle et demi que
l'on recueille des observations exactes sur ce sujet. Si donc, comme nous l'attestent des histoi-
res très anciennes et très dignes de foi, ces flambeaux célestes ont subi de notables changements,
qu'a-t-il dû se passer durant ces immenses laps
de temps qui ont dû s'écouler avant que le Créateur formât notre globe terrestre? Comment
pouvons-nous, nous habitants d'un point dans
l'univers, nous qui ne sommes que d'hier, comment pouvons-nous prononcer sur la construction de nouveaux soleils? S'il plaisait au souverain Maître du monde de créer en ce moment, dans
la voie lactée, un nouveau soleil qui pût être visible pour nous, il ne paraîtrait que comme une
petite étoile, et ne serait aperçu que quand ses
rayons lumineux auraient traversé l'immense espace qui nous sépare de la voie lactée; ce qui de-
manderait des milliers d'années; et nos descendants les plus éloignés seraient venus, avant que
ce nouveau soleil fût visible au ciel, brillant comme une petite étoile. Faut-il d'après cela que
l'habitant de la terre cesse de s'efforcer de se ren-

dre compte des divers changements que, selon toute apparence, la sagesse du souverain Maître du monde croit devoir opérer dans les régions célestes? Non ! Ceci est réservé aux intelligences qui habitent des sphères plus élevées; parce que peut-être, il leur est permis de traverser en un clin d'œil, tous les espaces de la création, de se transporter de soleil en soleil, de planète en planète, et d'admirer avec le plus religieux étonnement, toutes les opérations du Tout-Puissant.

Nombreux comme les grains de sable que l'océan jette sur ses rivages, les globes ont été, par la main de l'Éternel, semés dans l'immensité de l'espace. Dans la vaste étendue de la création divine, serait-ce donc un évènement bien important, si un soleil venait à s'éteindre, et tout un système à périr? Point du tout ! Y aurait-il donc dans tout ce qu'il plût à l'Être infini de créer, un vide ou une imperfection, parce qu'un jour peut-être, notre globe, par le jeu des forces mécaniques qui le mettent en mouvement, éprouverait quelque changement ou quelque bouleversement qui, quoique bon et utile de sa nature, n'en serait pas moins une catastrophe déplorable pour ses habitants actuels ? Y aurait-il un vide ou même une imperfection, si notre soleil

leil venait à s'éteindre, et si tous les globes de
son système rentraient dans le cahos? Pas plus
que si le souffle des vents enlevait ou apportait
un grain de sable à une montagne. Qu'est-ce que
l'anéantissement de tout un système solaire devant ce Dieu

> Qui, créateur de tout, voit toujours du même œil
> Un passereau sans vie, un héros au cercueil;
> Voit crever dans les airs une bulle légère,
> Vain jouet du jeune âge, et tomber en poussière
> Tout un monde détruit?

Pope.

§ XVI.

La crainte des Bouleversements dans l'Univers n'est nullement fondée.

CEPENDANT, la sage disposition des mondes
et les liens puissants qui les unissent entr'eux,
ne nous permettent point d'appréhender de pareils bouleversements. Les ressorts qui les font
mouvoir ne s'affaiblissent point et ne s'usent jamais. Les vastes corps de l'univers ne se heur-

tent point l'un l'autre : dans leurs routes com-
pliquées, ils s'évitent adroitement et suivent,
sans jamais s'en écarter , la direction que leur
traça le doigt puissant du Très-Haut. Que les
comètes doivent, comme quelques philosophes
voudraient nous le faire craindre, être un jour
préjudiciables aux planètes et les chasser loin de
leurs orbites ; ceci ne paraît nullement fondé,
aussi long-temps que les globes de l'univers ne
seront point abandonnés à un aveugle hasard,
mais qu'ils seront dirigés dans leurs mouve-
ments, par les lois imposées à la force centrale.
Ce n'est que quand le Tout-Puissant, par un acte libre de sa volonté, rompra les liens qui unissent ensemble tous les mondes, sans qu'il ait
besoin de les frapper l'un contre l'autre pour les
détruire, que nous aurons à redouter une pareille catastrophe : mais l'ordre admirable qui règne
dans l'univers, nous donne lieu de penser que la
conservation des mondes est un des premiers
soins de la divine providence, et que ces mondes
ont été créés pour avoir une existence durable,
et non pour passer dans l'univers, comme ces mé-
téores fugitifs qui échappent à l'œil avant qu'il
ait eu le temps de les observer. Nous voyons clai-
rement que la durée des créatures est mesurée

sur leur nature, et sur leur plus ou moins de dignité. Il y a des insectes qui n'ont que quelques heures ou quelques jours à vivre ; il y en a d'autres qui vivent des mois ; les animaux plus grands vivent plusieurs années ; l'homme, le souverain des animaux, vit plus long-temps que la plupart d'entr'eux, et compte quelquefois un siècle d'existence, avant que son corps matériel ait été rendu à la poussière dont il a été formé. En outre, tout ce qui est tant soit peu sujet au changement, se renouvelle et s'embellit le plus souvent ; tous les grands corps de l'univers qui se balancent dans l'espace, seront donc, durant plusieurs milliers d'années, à l'abri de toute destruction, de tout changement ; et continueront tranquillement à parcourir leurs orbites. Supposé cependant que des systèmes tout entiers viennent à tomber en ruines, l'inépuisable puissance du Créateur pourra toujours, quand il plaira à sa sagesse, réparer ces pertes dans la suite infinie des siècles. Lorsqu'après avoir joué notre rôle, nous quitterons le théâtre de la terre, bien long-temps après nous, brilleront encore, dans d'autres mondes, toutes les perfections divines avec un éclat toujours nouveau. La grandeur de la puissance et de la bonté de Dieu régnera encore

sur d'autres créatures durant d'interminables é-
poques ; car la durée du monde considéré en
général, ne peut être qu'éternelle.

Conclusion.

Dites-moi maintenant, lecteur, si ces innombrables royaumes que Dieu s'est créés au-delà de
notre terre, si ces sublimes merveilles de la création, que nous n'apercevons encore que de bien
loin, excitent déjà si puissamment notre curiosité, ne nous sera-t-il point donné un jour de la
satisfaire, en contemplant de plus près ces ravis-
santes merveilles ? Les ardents soupirs de notre
âme avide de perfections plus grandes et de
connaissances plus profondes, ne doivent-ils
point être satisfaits ? Ne lui sera-t-il point accordé enfin de pénétrer les mystérieux secrets de
tant de mondes corporels et spirituels, qu'elle

s'efforce en vain de s'expliquer ici bas? Qui voudrait mettre en doute que des espérances si propres à élever son cœur, à ennoblir ses sentiments, doivent un jour être parfaitement accomplies? Si nous purifions nos cœurs par les saints exercices de la religion et les pieuses pratiques de la vertu; si, dans notre terrestre séjour, nous nous efforçons de nous approcher de plus en plus de la divinité, il n'y a point de doute que, quand la scène de cette vie sera terminée à la tombe, quand nous aurons laissé notre grossière enveloppe pour tribut à la loi de la transformation, notre esprit aux pensées divines et rayonnant d'immortalité, dégagé des liens de ce corps terrestre, assuré d'une existence interminable, s'élancera à travers les espaces sans limite des régions célestes, ira admirer chez eux, tous ces mondes bien plus parfaits que le nôtre, contemplera avec ravissement et dans des lumières bien plus pures, le plan général de l'univers, et conduit par la main paternelle de l'infinie bonté, durant toute l'éternité il montera vers des perfections toujours de plus en plus élevées.

Lorsqu'on s'est rempli l'âme de ces pensées sublimes et de ces hautes idées de la majesté de Dieu, de la grandeur et de l'excellence de l'uni-

vers, de la dignité et de la glorieuse destinée de
l'homme, quelles ineffables délices ne goûte-t-on
point lorsque, durant une nuit sereine, on porte un regard vers la voûte étoilée ! C'est alors que
je donne un libre essor à mon imagination, et le
silence de la nuit contribue singulièrement à é-
lever et à fortifier mes pensées. C'est alors que
j'éprouve des émotions que le monde ne connaît
pas, et que mon esprit recueille de nombreux
sujets de méditation.

Sur ma terrestre demeure, qui n'est qu'un point
dans l'océan de l'infini, je trouve mon Dieu
grand partout, et déjà incompréhensiblement
grand, même dans les plus petits ouvrages. La
formation d'un grain de sable, l'organisation du
plus petit insecte, surpasse infiniment toutes nos
conceptions ; mais combien plus grande encore
et plus élevée ne me représenté-je point la majesté de mon Créateur, quand j'admire le ciel,
ouvrage de son doigt, quand je porte un regard
sur l'ensemble de l'univers et que je prends des
légions de mondes pour sujet de mon admiration !
Jamais le Tout-Puissant ne me paraît plus grand
ni plus digne d'adoration dans ses ouvrages, que
lorsque je prends la vitesse de la lumière pour
mesure, et que je m'efforce d'estimer, par la pen-

sée, la distance des innombrables soleils qui roulent avec leurs sphères dans les champs sans borne de la création. Là, je trouve la puissance, la sagesse, la bonté et la providence de l'Être infini, brillant d'un plus vif éclat que lorsque l'ingénue simplicité de la plupart de mes semblables, me les montre concentrées dans l'étroite sphère de notre globe. Et quel ravissement plus délicieux encore vient s'emparer de mon âme, lorsque je prends l'imposante autorité de la révélation pour règle de mes pensées!

Non-seulement l'infinie puissance de Dieu a créé d'innombrables globes solaires et terrestres, mais son infatigable providence les maintient tous dans l'ordre le plus parfait et le plus admirable, les attache les uns aux autres comme autant d'anneaux d'une chaîne immense, et en fait le plus parfait ouvrage de la souveraine Sagesse, le monde le plus parfait qu'ait pu produire le Créateur, un *tout* admirable, où aucune imperfection, aucun mal réel ne saurait exister. L'intelligence infinie de Dieu connaît cet immense univers, et dans son ensemble et dans les parties les plus menues, avec tous les changemens possibles qui peuvent ou doivent survenir; car sa présence s'étend à toute l'immensité de l'espace. Sa souveraine sagesse régit le monde et l'ensemble des choses créées d'après des lois éternelles, d'après un plan général dont nous autres habitans d'un point dans l'univers, ne pouvons qu'admirer une bien petite partie, sans qu'il nous soit donné de la comprendre. Sa bienfaisante providence placée au haut de l'immense échelle des choses créées, veille avec une tendresse de mère sur tous les êtres, depuis le plus petit vermisseau qui, perdu dans la poussière, échappe à nos regards, jusqu'au glorieux séraphin dont l'intelligence embrasse des mondes. Elle veille avec une tendresse particulière sur les créatures douées de raison, dont sont peuplés ces myriades de mondes semés dans l'espace. Rien ne saurait être caché à son infinie sagesse. Du haut de son trône, l'Éternel voit toutes nos actions, toutes nos pensées les plus secrètes. Bien long-temps avant que par son ordre, les mondes ne se formassent, l'amour de l'être incréé avait déjà tracé ses plans pour le bien-être de leurs habitants, durant des siècles sans fin, et avait déterminé le sort et la destinée de chacun d'eux. Il assigna à chacune de ses créatures raisonnables, une place dans l'immense monarchie de l'univers, où elles puissent procurer la gloire du Créateur se-

lon la mesure des talents qui leur seraient accor-
dés, atteindre le but de leur création, et s'élever,
en remplissant les conditions favorables qui leur
seraient imposées, à ce suprême degré de félici-
té pour lequel elles furent créées, et qu'il est
toujours en leur pouvoir d'atteindre.

Ces grandes considérations m'apprennent à apprécier à leur juste valeur, toutes les choses
créées, à juger les évènements de la petite terre
que j'habite, à envisager la destinée de ses habitants et de chacun de mes semblables, sous un
point de vue bien autre que celui d'après lequel
la plupart des hommes portent ordinairement
leur jugement; et je me forme des idées bien
plus justes de la providence générale, et du plan
qu'elle suit dans le gouvernement de l'univers.
Quelles incomparables, quelles tranquillisantes
réfléxions ne pourrais-je point faire ici? Que de
grandeur ne découvre-t-on pas ici bas! Mais
quelles connaissances bien plus relevées et plus
étendues me sont réservées au-delà du tombeau!
Que n'aurai-je point à apprendre quand, en pos-
session de l'immortalité, je pourrai poursuivre
mes études durant des siècles éternels !

Réflexions.

La foi timide des enfants de l'Eglise, pousse-
ra peut-être un cri d'alarme, en voyant repro-
duire ces pages, dont l'incrédulité a déjà essayé de
se faire une arme pour attaquer le plus consolant
de nos mystères. Si notre terre est si petite, a
dit l'incrédule, si elle n'est qu'un point dans l'u-
nivers, si nous nous perdons dans l'immensité
des êtres créés, est-il bien croyable que le grand
Dieu qui a formé ce prodigieux univers, ait choi-
si ce point rejeté dans un coin du monde, pour
venir y opérer le plus grand de ses prodiges,
pour s'y incarner et donner sa vie pour l'homme,
tandis qu'il aurait négligé les innombrables habitants de tant de globes immenses semés dans l'espace? — Audacieux mortel! toi qui te fais si petit que tu te crois à peine digne d'un des regards du

Très-Haut, tu oses lui demander raison de sa conduite ! Parce que la divine bonté a tiré pour toi de ses trésors, le plus grand de ses bienfaits, tu te crois dispensé de le reconnaître, parce qu'il est inexplicable pour toi ! Rejette donc aussi tout ce que tu ne peux t'expliquer dans la nature , et laisse ton orgueilleuse raison expirer dans le doute. Superbe et ingrat raisonneur, écoute, et apprends à adorer en silence.

Qui nous a dit que les habitants des autres mondes, supposé qu'il y en ait, ont eu comme nous besoin de rédemption ? Qui nous dira si, plus sages que les habitants de la terre, par un saint usage de leur liberté, ils n'ont point mérité le glorieux privilège de n'en pouvoir plus abuser? Qui nous dira s'ils ne jouissent pas d'un bonheur désormais inamissible? Qui nous dira si, quoique doués de raison, ils n'ont pas pu se trouver placés dans une condition d'existence autre que la nôtre ?

Et si, faibles comme nous, ils s'étaient comme nous écartés des sentiers de la justice, et avaient encouru la disgrâce du Tout-Puissant, Dieu leur devait-il le pardon? sans cesser d'être juste , il a pu le refuser à des millards de millions d'anges ! Le pardon est une grâce toute gratuite qu'on re- çoit avec reconnaissance, et non un acte de justice qu'on soit en droit d'exiger. — Mais l'homme est si petit! il est si peu de chose, comparé aux habitants des autres mondes, qui vraisemblament ont reçu d'éminentes qualités qui les rendent bien supérieurs à nous! — Je réponds qu'il est digne de la miséricorde de tendre la main au faible, et d'abandonner un puissant dans sa chûte.

Mais enfin, supposé qu'il y ait eu aussi dans les autres mondes, des pécheurs à racheter, et que la divine miséricorde ait voulu étendre un de ses regards jusqu'à eux, la souveraine bonté n'a-t-elle point dans ses trésors plus d'un moyen de rédemption? Qui connaît les pensées de Dieu? Qui a sondé la profondeur de ses conseils? Le divin rédempteur des coupables enfants de la terre a consommé son grand sacrifice, il y a déjà plus de dix-huit siècles : un seul point de notre globe a été teint de son sang précieux : cependant cette unique mais abondante rédemption s'est étendue à tous les pays de la terre, et portera ses fruits salutaires jusqu'à la fin des siècles. Le sang divin qui ruissela sur le calvaire jaillit bien au-delà des limites de notre sphère terrestre, et alla purifier dans un autre monde, les âmes fidèles qui avaient quitté leur terrestre demeure, avant la venue du désiré des nations : ce sang d'une ver-

tu et d'une valeur infinies, n'aura-t-il point également pu jaillir jusqu'aux dernières limites de
l'univers, et faire sentir à tous les globes sa vertu réparatrice? Un Dieu rédempteur suffit pour
racheter tous les coupables de tous les mondes;
et, en quelque point de l'univers qu'il élève le trône de ses miséricordes, il est toujours au centre
de son empire. Les mondes ne sont plus ou moins
grands que par rapport à l'homme : ils sont tous
égaux devant celui qui a su les créer, et qui,
du souffle de sa bouche, pourrait les faire rentrer
tous dans leur premier néant.

C'est donc en vain que notre débile raison
cherche à trouver en défaut l'imposante autorité
de la révélation : toutes les difficultés qu'elle
pourra rencontrer, toutes les objections qu'elle
pourra faire, ne prouveront qu'une chose : c'est
que ses lumières, aussi bien que les instruments
dont elle se sert pour lire dans les cieux, n'ont
qu'une bien faible portée, au-delà de laquelle les
objets les plus lumineux se perdent dans d'impénétrables obscurités. Elle ne saurait faire un
pas dans l'étude de la nature, sans rencontrer
des mystères qu'elle se voit forcée d'admettre,
sans pouvoir se les expliquer; et elle voudrait tout
pénétrer, tout comprendre, dans une religion des-

cendue du ciel! Orgueil de l'homme, que tu me
parais extravagant! que tu me fais pitié! pour te
confondre, il suffit de te donner à étudier ce
monde que l'Éternel a livré comme une énigme
aux disputes des humains. L'infinie sagesse de
Dieu ne nous a rien dit des autres mondes, par
ce que, dans ses rapports avec l'homme, elle s'est
proposé de lui tracer ses devoirs, et non de satisfaire sa curiosité. S'il veut savoir, qu'il étudie.
Le grand livre de la nature est ouvert devant lui;
qu'il le lise et le comprenne s'il le peut. Il y ap-
prendra que notre terre est bien peu de chose
dans l'univers, et que notre science, dont nous
sommes quelquefois si fiers, est bien loin encore
d'embrasser tout ce que ce petit coin du monde
offre d'intéressant à connaître. L'homme qui, à
force d'études et de veilles, serait parvenu à enrichir son esprit de tous les genres de connaissances que peut offrir notre globe, dans toutes
les langues, dans tous les arts et dans toutes les
sciences des temps anciens et modernes, cet
homme passerait pour un prodige de science :
pourtant, cette science si prodigieuse n'aurait encore pour objet, qu'un grain de sable dans l'univers! . . . Oh! qu'un coup-d'œil sur l'ensemble
de l'univers, est bien propre à confondre l'or-

gueil humain! A la vue de l'immensité des connaissances qu'il nous reste encore à acquérir et
que nous ne pourrons jamais atteindre dans ce
monde terrestre, l'homme raisonnable se dira à
lui-même : cessons de nous fatiguer à de stériles
recherches; efforçons-nous, durant notre court
passage sur la terre, de nous sanctifier par l'ac-
complissement des devoirs que le Créateur nous
a imposés ; étudions les vérités qui peuvent con-
tribuer à nous rendre meilleurs, et attendons à
trouver sans peine, dans un monde plus parfait,
l'éclaircissement des mystères que nous cherche-
rions inutilement à pénétrer ici bas.

Fin.

TABLE DES MATIÈRES.

PREMIÈRE CONSIDÉRATION.

DU SYSTÈME SOLAIRE.

TABLE DE MATIÈRES.

SECONDE CONSIDÉRATION.

DES ÉTOILES FIXES.

FIN DE LA TABLE DES MATIÈRES.

ERRATA.

Pag. 3o, ligne 5, *au lieu de* pourse : *lisez* pour se.
Pag. 36, lig. 2, *au lieu de* quatres : *lis.* quatre.
Pag. 37, lig. 14, *au lieu de* subtiles : *lis.* subtils.
Pag. 51, lig. 2 et 3, *au lieu de* prinpes : *lis.* principes.
Pag. 59, lig. 12, *au lieu de* crétion : *lis.* création.
Pag. 68, lig. 3 et 4, *au lieu de* emsemble : *lis.* ensemble.
Pag. 9o, lig. 15, *au lieu de* évènement : *lis.* événement.

www.ingramcontent.com/pod-product-compliance
Lightning Source LLC
Chambersburg PA
CBHW071151200326
41519CB00018B/5180